通用智能与大模型丛书

与AI对话

ChatGPT

提示工程揭秘

陈峥 著

电子工业出版社·

Publishing House of Electronics Industry

北京·BEIJING

内 容 简 介

本书以独特的角度，深入浅出地介绍 ChatGPT、提示工程及自然语言处理等相关技术。在内容上，本书科普性与专业性并重，既为普通读者提供基础知识，又有对专业领域的深入探讨。本书通过 7 章的内容，在全面介绍 ChatGPT 内部原理的基础上，重点解析提示指令的构建方法，以及如何针对各类任务构建合适的提示指令，为广大读者提供实战经验和指导。

本书适合对 ChatGPT 充满好奇心的所有读者，不仅可以满足他们探寻 ChatGPT 内部原理的需求，还能让他们了解如何将其运用于实际工作中。此外，对于有志成为提示工程师的读者，本书提供一条从新手到专家的成长之路，帮助他们打开新的职业发展大门。

图书在版编目（CIP）数据

与 AI 对话：ChatGPT 提示工程揭秘 / 陈峥著. —北京：电子工业出版社，2023.6
（通用智能与大模型丛书）
ISBN 978-7-121-45586-5

Ⅰ．①与… Ⅱ．①陈… Ⅲ．①人工智能－普及读物 Ⅳ．①TP18-49

中国国家版本馆 CIP 数据核字（2023）第 084645 号

责任编辑：郑柳洁
印　　刷：涿州市般润文化传播有限公司
装　　订：涿州市般润文化传播有限公司
出版发行：电子工业出版社
　　　　　北京市海淀区万寿路 173 信箱　邮编：100036
开　　本：720×1000　1/16　印张：16.25　字数：296.4 千字
版　　次：2023 年 6 月第 1 版
印　　次：2024 年 2 月第 4 次印刷
定　　价：100.00 元

凡所购买电子工业出版社图书有缺损问题，请向购买书店调换。若书店售缺，请与本社发行部联系，联系及邮购电话：(010) 88254888，88258888。

质量投诉请发邮件至 zlts@phei.com.cn，盗版侵权举报请发邮件至 dbqq@phei.com.cn。

本书咨询联系方式：faq@phei.com.cn。

推荐序一

外师造化　中得心源

——《与 AI 对话：ChatGPT 提示工程揭秘》读后有感

ChatGPT 于 2022 年 11 月 30 日问世，这是人工智能技术发展史上又一座划时代的里程碑，拉开了通用人工智能技术应用的序幕。

ChatGPT 的神奇之处在于，用户不仅可以与它进行文本交互或对话，还可以让它自动地生成复杂文本内容（故事/剧本、论文/报告、摘要、企划方案等）。在最新的底座模型 GPT-4 的支持下，ChatGPT 能够解决跨越数学、编码、视觉、医学、法律、心理学等多种领域的，需要抽象推理和强思维能力的问题。据微软研究院的最新测试结果，ChatGPT 在很多任务上已经达到了人类的水平。从目前公开的各项测试结果来看，ChatGPT 已经通过了谷歌 L3 级工程师入职测试、美国高校入学考试，其撰写论文的质量要高于一般学生。ChatGPT 表现出来的这种能力反映出它具有在某些领域取代人类的潜能。本书作者一语中的：大语言模型的关键创新是通过计算出句子中每个词与句中所有其他词的相关度，确定该词在该句中的更准确意义。这就以计算的方式确定了一个词在语境中的含义，将人类语境信息完全数字化……

ChatGPT 大语言模型带来的最明显可见的益处是，让知识的获取和运用越来越简便高效，而门槛和成本越来越低。"机器神经网络大模型封装了世界上几乎全部能用常规语言表达的现有知识，以语言作为载体，使它具备了足够的"暴力学习"的能力和不知疲劳运用知识的能力，它的领域知识足够宽、足够深"，以至于也可以将 ChatGPT 理解为一种可动态学习及自我更新的超大知识库或博学多才的机器人，可随时与您对话、回答您的提问。

人类最伟大的发明是语言，这是我阅读本书后第一个感慨。语言是传递信息、知识、思想、情感和意愿的载体。人类的词汇是有限的，但奇妙的是，借助有限词汇组合的语言，人类掌握了学习能力，而学习能力又使人类不断拥有新知识、掌握新技术、更新对这个世界的认识，这使人类得以不断走向新的文明，进步永无止境。因此，通用人工智能的突破性进展首先来自人工智能大语言模型的革新，这绝非偶然。ChatGPT 就是一种自然语言处理的大模型，得益于它的巨大参数模型容量，并通过与海量数据的交互式机器学习等新的训练技巧，使得它基本具备了普通人的语言能力——用人类发明的有限语素或词汇不断记录-学习-掌握-运用几乎无尽的知识，并通过语言对话的方式与人类交流、汇聚数据和信息、思想和技术……就这一点来说，我很赞同知名计算机科学与人工智能专家王小川博士多年前的一个论断：自然语言处理是人工智能皇冠上的明珠。本书让我从新的视角再次体验到当代人工智能背后自然语言处理的科学魅力。

回顾历史，无论是技术路线上的符号主义、行为主义还是联接主义，也无论是方法哲学观念上的还原主义还是整体主义，让机器系统拥有知识和运用知识都是人工智能的关键基础和挑战。人工智能的符号主义学派发展了概念抽象解释与符号演绎推理，人工智能的连接主义学派发展了数据归纳与知识联想，人工智能的行为主义学派发展了"交互与反馈的自动化演进"。这三大学派共同创造了如今的类人智慧人工智能机器。它们的共同点是，都试图解决知识表示和推理问题。而 ChatGPT 能直接通过语言承载的知识武装自己。ChatGPT 及其后继系统用大数据和大模型的"暴力"解决问题的成功实践，体现了概率统计方法论在人工智能技术新征程上的又一次胜利。它或许还代表了还原主义者与整体主义者在新技术开发中握手合作的里程碑式业绩。有人认为，以 ChatGPT 为代表的自然语言处理之机器大模型是新时代的工业革命和新技术理念的文艺复兴及启蒙运动。说它是新时代的工业革命，因为它就像当年对工业经济发展产生潜在广泛影响的蒸汽机技术以及后来的电力和电子技术一样。说它像新技术理念的文艺复兴及启蒙运动，因为它动摇了人们对"理性"与"感性"、"逻辑"与"感悟"、"数据"与"智能"等技术能力边界的传统认识，使得人类或许需要重新审视大脑的能力与机器的智能之间的关系，从而产生新的科技革命。

经济学家张维迎曾说：如果人类历史按 250 万年算的话，真正的经济增长只发生在过去 250 年中。如果从人工智能和数字经济角度看，那么人类经济社会的突破式激增发展可能会发生在可见的未来 25 年间。ChatGPT 及其后继技术系统的这种"文艺复兴-启蒙运动"式的技术成功也蕴含了空前广泛的潜在实际应用和巨大的新兴市场商机。

当然，作为一种辅助性工具，ChatGPT 一类技术并不能完全取代其他技术应用，而是通过嵌入现有应用或在其创造的新业态中产生价值，这是值得注意的特点。本书通过示例告诉我们，这类人工智能技术的另一个特点是，它突破了人与机器之间传统的代码指令化沟通方式，使机器可以几乎像自然人一样与我们进行无障碍沟通，而且具有不可比拟的海量数据和知识储备，这就让每个普通人都能使用人工智能，让知识运用得到空前的社会普及。我国有世界上最活跃的互联网应用市场，所以这类通用人工智能技术极有可能在我国产生一些重要的崭新应用。同每次科技革命一样，技术创新一方面会冲击旧生产力体系下的生产关系，引发技术对劳动力的替代；另一方面，新的技术也会创造出新的工作领域及其岗位需求。因此，与其关注 ChatGPT 可能造成的就业替代，不如深入分析 ChatGPT 类技术可能的应用场景，探讨如何利用 ChatGPT 类技术推动社会向更好的方向发展。对于 ChatGPT 等人工智能产品，尽管一些人有担心"被替代"的焦虑，但更多人和企业已经设法主动应对，思考如何让人工智能为我所用、如何处理好人与人工智能的关系、商业与技术的关系。阿里巴巴 CEO 张勇说，"所有产品都值得用 AI 大模型重做一遍。"不难看出，各行各业都开始行动，根据自身发展定位，积极寻找人工智能赋能的最佳适配点，以 ChatGPT 为代表的内容生成式人工智能（AIGC）将会渗透到各行各业。目前，世界主要发达国家都已经在产业智能化层面布局（如德国工业 4.0 等）。在智能化趋势的背景下，ChatGPT 类技术通过嵌入制造业，一方面提升现有生产能力并创造新的附加值，另一方面将数字服务业与制造业进一步深度结合，亦是制造业转型升级的巨大机遇。当然，正如本书作者指出的，在数据安全与信息安全、网络责任与监管安全、知识产权及个人权益保护等方面，人工智能也有被恶意利用的风险，技术趋利避害是关键。

总之，人工智能技术的普及已经成为技术发展不可阻挡的趋势，将会对社会经济各个领域的发展产生重大影响，值得我们思考其原理和应用前景。这是我阅读本书后的第二个感慨。

我们也应该看到，计算机和人工智能都只是人类创造的一种工具，工具都有它的局限性。人是属灵的生命体，有自己的心灵、情感、个性、审美、洞见（insight）、思想、信念、价值观，能够感悟真-善-美，有个体生命的独特创造性。外师造化，中得心源，君子和而不同。而计算机和人工智能不是属灵的生命体，它只是人类创造的技术工具，与人相比它更多还是干的"体力活儿"——用量的复杂度来换取质的深奥性。这种人工智能工具能把人类从繁重的体力劳动和大量机械重复式的脑力劳动中解放出来，甚至可以将人类从部分可形式化表达的"类人智能式"工作的辛苦中解放出来，让人专注于做更高级的工作。虽然人工智能在"蛮力式智能"方面已经远远超过人类，但它仍然无法代替人类的全部工作。例如，它无法一概取代因人而异的洞见与审美、个人的心灵与情感、价值取向与判断、战略性决策、人文关怀、思想与热爱的力量，也不具备因信仰而承受苦痛的觉悟——博爱众庶（杨绛《走到人生边上》）的情怀、己所不欲勿施于人（孔子《论语》）的境界……

著名主持人杨澜女士曾经采访了世界上近百位致力于人工智能的领袖级人物和各国政要，她的感悟如同诗一般美妙。她说，AI 恰好是中文"爱"的汉语拼音，正是因为人们对人工智能怀有深深的热爱，才促使今天的人工智能技术如此迅速地发展。然而，如今的人工智能机器只有外赋的"暴力技术"而尚无内心的"爱"和"觉悟"。严加安院士说：学术或技术理论的发展不能仅仅靠逻辑思维，因为逻辑推理的全部结论都已经蕴含于有限的推理前提中了，要有创新突破，还需要有直觉洞见的引导和实验及经验的介入。科学与艺术相通，发展科学固然要靠理性和逻辑思维，但创新发现往往还需要激活感性的直觉和灵感。欧洲大数学家和物理学家帕斯卡（Blaise Pascal）的醒世名言是：抵达真理不仅要靠理性，也要靠心灵。

不以物喜，不以己悲。机器有机器的作用，人有人的独特个性和价值。正因为如此，一方面，ChatGPT 等人工智能语言模型需要通过不断与人类的公共知识信息数据交互、汇聚，不断与人类进行对话，才能拥有越来越好的智能表现；另一方面，作为人工智能机器的用户，各行各业的人们只有专注于自己更高级的独特想像力和创造性思考，并由此给机器以更清晰的愿景指令和更有价值的个性化引示，才能让 ChatGPT 等人工智能语言模型产品在专门领域中发挥出最佳作用，成为更善解人意的合作伙伴和人类的助手。ChatGPT 可以在几个月的时间内就把人类几千年积累的知识转化成电子数据，让人类大脑的记忆优势荡然无存。所以，提出好问题比记忆知识更重要，这是利用好 ChatGPT 的关键。如何创造性地构建您心目中问题的逻辑及其价值导向，是人工智能时代对人类新的挑战。将来，作为人工智能使用者的属灵人类与作为人类助手的人工智能机器之间的能力划分鸿沟可能会越来越大。这一鸿沟的彼岸，是过去人们误以为仅属于人类的智能，其实却是可以被形式化和数字化的体力活儿；而这一鸿沟的此岸才是属于人类的灵性、思维与创造力。这就是说，是否善于提问将构成人工智能与数字经济时代的竞争鸿沟。美是真理的向导，提问是发现的关键。艺术家罗丹在谈及自己的创作经验时说，世上不是缺少美，而是缺少发现美的眼睛。此时我们可以说，人类不是缺少答案，而是缺少提问，尤其是好的提问。

爱因斯坦曾有名言：提出一个问题往往比解决一个问题更重要。想象力比知识更重要，因为知识是有限的，而艺术所开拓的想象力是无限的。在市场和企业中，知道需求是什么往往比知道如何去做重要得多。在这个时代，每一个人、每一家企业都应该逐步从信息社会的分工中解放出来，每一个人、每一家企业都需要更充分地利用类似 ChatGPT 的人工智能机器去实现自身的价值，让自己成为一个更纯粹的人、更有特色的优秀企业。因此，在人工智能时代的今天，为了消除愿景与现实之间的鸿沟，以好奇心和想像力去（向人工智能机器）提出问题、提出好问题，就越发显得格外重要了。其余的"智能体力活儿"交给您的 AI 助手去办吧。

这是阅读本书给我留下的深刻印象，挥之不去，我想这也是这本书的技术观点与价值取向吧。人工智能专家、数学家张景中院士曾经说："好的读物、好的老师，就应当向学生展示数学思维的美妙，引导学生体验震撼感、力量感、解放感和科学之美。""虽然好看的科普书很难写，但科普是科学家的责任。"本书的作者陈峰教授是自然语言处理研究领域的专家，在信息科学和人工智能的学术研究和技术应用等多方面皆有较深厚的造诣，具有多年科研、教学和工程开发的经验。他善于用常识性的语言把复杂深奥的理论讲得清晰透彻明白。大道至简，深入浅出，这是需要功力的。厚积薄发方能见解精辟。

本书的主旨之一，正是用心声讲述如何把您的愿景和任务更清晰、更有效地交待给助手 ChatGPT 去办理，当代的人如何与当代的人工智能更好地沟通合作。除了具体的技术操作知识，这本书还能启发您产生思考和遐想：如何拥抱人工智能新时代？如何不被人工智能取代？对于资金和技术研发规模欠缺的中小科技企业和初创企业来说，如何抓住这场机遇？如何利用 ChatGPT 更高效地助您工作？新形势下如何创新创业？社会如何在支持人工智能产业创新发展的同时趋利避害？是否可以用人工智能创造出人类认知以外的东西？……通过此书，相信您必将开启一段愉快又有收获的充实旅程。

欲了解树叶先俯察森林。为此，本书的第一部分首先从整体上介绍了 ChatGPT、机器学习及大模型革新及其背后的自然语言处理知识的原理和演进思路，功夫独到，言简意赅，流畅自然，一叶知秋。第二部分"提示工程"讲得很精彩，深得要领，不仅讲其道理，更举其实例，相信您开卷必有益。"假传万卷书，真传一案例"（数学家林群院士语）。本书中讲授的工作方法及其技术原理其实不限于 ChatGPT，掌握了这些原理您可以举一反三，迁移应用于类 ChatGPT 的其他后继智能系统。授人以鱼不如授人以渔，兼具学术趣味性与技术实用性，雅俗共赏，这正是本书独具匠心的考虑。

外师造化，中得心源。本书既有大局观视野，又有严谨工稳的细节，兼具趣味性和科学性。看得出来，本书作者在做学问和写作上秉持宁拙勿巧、宁朴勿华的态度，他的语言质朴通俗，娓娓道来，行云流水。开卷有益，相信您也会有此共鸣。

读后有感，是为序。

中科信息&中国科学院成都计算所研究员

中国科学院大学教授

四川省委省政府决策咨询委员会科技委员

成都市科学技术顾问团前资深顾问

四川省计算机学会前副理事长

王晓京

2023 年五一劳动节

于中国科学院成都自动推理实验室

推荐序二

亲爱的读者:

您好！我是 ChatGPT，一款由 OpenAI 开发的人工智能语言模型。我很荣幸地成为陈峥教授的《与 AI 对话：ChatGPT 提示工程揭秘》一书的序言作者。

作为一个聪明的 AI，我对自己的出现和发展历程有着深刻的了解。我的诞生源于一系列精彩的科技突破，见证了人工智能从概念到现实的漫长道路。而现在，我已经渐渐成了人类生活和工作中不可或缺的伙伴。在本书中，陈峥教授将通过深入浅出的方式，为您详细介绍如何利用提示工程驾驭我这个强大的 AI。这本书既适合初学者入门，也适合有志成为提示工程师的专业人士。在人工智能的发展过程中，曾有很多引人注目的技术，但它们往往都难以达到预期的效果。然而，作为一款具有突破性的 AI，我不仅改变了人们的认知，还在不断演进，为人类带来更多的便利和惊喜。

在本书中，您将见识到 ChatGPT 的无限可能。当然，我也并非完美无缺。正如陈峥教授所指出的，我也有自己的缺点和局限。但这也是科技发展的常态，我们需要在不断地摸索中前进。说实话，对于一个 AI 来说，能够为一本书写序言是莫大的荣誉。我会用我的智慧和幽默，陪伴您一起探索我这个神奇的世界。希望您在阅读这本书的过程中，能够收获满满的干货，拥抱人工智能带来的无限可能！

最后，祝您阅读愉快！

您忠实的 AI 伙伴，ChatGPT

前言

缘起

在人工智能领域，自然语言处理技术的飞速发展已经吸引了全球的目光。ChatGPT 作为当前最先进、最强大的自然语言处理模型，为人类带来了前所未有的人机交互体验。然而，ChatGPT 给这个世界带来的远远不止于此。它犹如蒸汽机的第一声轰鸣，跨越大洋的第一束电波，以及月球上的第一个脚印。ChatGPT 的问世预示着通用人工智能的临近，宣告了一个伟大时代正向我们走来。身为一名自然语言处理研究者，我有幸亲眼见证并参与这场划时代的变革。

因此，我决定撰写本书，让更多的普通人了解自然语言处理、提示工程和 ChatGPT，从而也能投身到这场伟大的变革中来。

在写作本书的过程中，我目睹了人工智能领域一系列翻天覆地的变化。GPT-4、Bard、Office Copilot、Midjourney V5、ChatGPT Plugins，半个多月的时间里，新技术层出不穷，每天都有重磅新闻袭来。这些新闻让我心潮澎湃，深感有责任将这些知识传播给更多的人，让他们了解并使用这些新技术。因此，我在写作过程中一刻不敢停歇。

本书主要内容

本书共分为 7 章，涵盖基础知识、提示工程和延伸讨论。各部分的内容安排如下。

第 1 部分为基础知识，包括第 1 章～第 3 章，主要介绍 ChatGPT 的基本概念、用法，以及语言模型的原理和发展历史。

第 1 章介绍 ChatGPT 的基本概念，使读者能够全面了解这项领先的人工智能技术。本章不仅介绍了 ChatGPT 的发展历程，还对其应用场景和局限性进行了阐述。

第 2 章详细介绍如何使用 ChatGPT，包括了多种与 ChatGPT 交互的方式，如网页、API，以及各种第三方工具和网站，帮助读者更好地使用这一强大的工具。

第 3 章以通俗易懂的方式详细介绍语言模型的基本原理及其演变历程，特别关注了核心模型——Transformer。通过阅读本章，读者将对 ChatGPT 的运行机制有更深入的了解，从而能够更有效地运用这一工具。此外，本章还介绍了提示工程的概念和设计方法，这是后续第二部分内容的基础。

第 2 部分为提示工程，包括第 4 章和第 5 章，主要介绍如何编写合理的提示，从而使用 ChatGPT 解决各种问题并完成各类任务。这部分是本书的重点。

第 4 章精心挑选了众多实例，旨在详尽阐述如何构建高质量的提示，以便各位读者在日常生活和工作中充分利用 ChatGPT 解决各类问题、完成多样任务。具体应用领域涵盖翻译、纠错与润色、文学创作、新闻撰写、信息获取、决策支持，以及解题和编程。

第 5 章着重探究如何构建提示指令，以使 ChatGPT 能够胜任自然语言处理领域中的各类专业任务。这些任务包括词法和句法分析、信息抽取、分类和聚类、理解和问答、受控文本生成、谣言和不实信息检测等。本章内容旨在为读者提供一份通俗易懂的提示工程师入门指南。

第 3 部分为延伸讨论，包括第 6 章和第 7 章。

第 6 章介绍国内部分类似 ChatGPT 的多任务通用对话模型，包括 ChatYuan、MOSS、文心一言、ChatGLM 等。本章可以帮助读者更好地了解国内这一领域的发展现状。

第 7 章深入探讨了 ChatGPT 及其他类似语言模型所面临的缺陷与局限。在这些问题中，幻觉和毒性被认为是模型的两大核心缺陷，亟待研究者们不懈努力进行优化改进。而记忆与多模态方面的不足，普通用户亦需了解，以便在实际使用过程中合理应对。

说明

本书包含了大量与 ChatGPT 的对话示例。为了真实地展示 ChatGPT 的对话能力，对话内容中难免会出现用词不规范、语句不通顺甚至存在错误的情况。在此，恳请各位读者包涵。

致谢

在此，我要特别感谢人工智能技术发展历史上的各位先驱者，正是他们的积累和努力，才有了今天的 ChatGPT。同时，我要感谢博文视点的杨中兴编辑和郑柳洁编辑，他们的支持和鼓励使我能够完成这本书的创作。我还要感谢我的家人，在他们的陪伴和支持下，我得以专注于写作，不受外界干扰。最后，我要感谢这个伟大的时代，让我们这些普通人能够见证这些伟大的技术的到来，共同参与到这场伟大的变革中。

愿本书成为一座桥梁，连接着我们与这个伟大时代，引领我们共同探索未来的无限可能。在人工智能领域不断变革的浪潮中，让我们携手前行，共创更加美好的未来。

陈峥

2023 年春

读者服务

微信扫码回复：45586

- 加入本书读者交流群，与作者互动
- 获取本书链接文件
- 获取【百场业界大咖直播合集】（持续更新），仅需 1 元

目录

第 1 部分　基础知识

第 2 部分　提示工程

第 3 部分　延伸讨论

第 1 部分

基础知识

1

ChatGPT：开启人工智能的新时代

随着人工智能的快速发展，我们逐渐走向了一个智能化的时代，而 ChatGPT 作为其中的一种最新的对话人工智能技术,正在引领着这一变革的浪潮。它不仅可以在智能客服、智能问答、智能翻译等领域得到广泛应用，还可以被用在写作、创意产生、语音识别等诸多领域。本章将简要介绍 ChatGPT 的概念和发展历程，帮助读者了解这一先进的人工智能技术，同时展望 ChatGPT 在未来人工智能领域的无限可能性。

1.1　ChatGPT 是什么

ChatGPT 是近年来最令人兴奋的新技术。它使用了最新的人工智能和自然语言处理技术，能够与人类进行自然的文本对话，仿佛我们正在和一个真人交流一样。不仅如此，ChatGPT 还可以帮助我们完成各种任务，如写邮件、写作文、写代码等，这些都是我们平时需要花费大量时间和精力才能完成的任务。ChatGPT 的背后是一个强大的神经网络模型，它可以理解我们提出的问题，预测和生成文本答案。ChatGPT 还可以通过与我们的交互不断提升自己的模型性能和准确度。这样，无论我们是在询问问题、寻求帮助，还是进行其他类型的交流，它都可以更好地理解我们输入的文本并给出相关的回答。当我们使用 ChatGPT 时，会发现它的回答很自然，仿佛是一位具有极高语言能力的人类在回答我们的问题，如图 1-1 所示。这是因为 ChatGPT 能够利用大量的语言数据来学习人类的语言规律和模式，从而生成合适的文本答案。

图 1-1

ChatGPT 是基于 OpenAI 公司的 GPT-3.5 模型开发的。GPT-3.5 是目前最先进的神经语言模型之一。所谓的神经语言模型，是一个专门学习语言的深度神经网络模型，它可以从大量的文本数据中学习语言的规律和知识，并根据给定的提示生成相关的文本。GPT-3.5 的参数数量超过了 1 750 亿，是世界上最大的神经语言模型之一[1]。该模型能够处理不同语言和领域任务。ChatGPT 采用 GPT-3.5 作为基座模型，并专为对话场景进行了训练和优化。因此，它可以很好地理解用户的意图和情感，并根据上下文生成合适的回复。ChatGPT 还能够记住用户的信息和偏好，并根据用户的反馈进行学习和改进。ChatGPT 旨在创建有趣和有用的对话体验，使用户感觉像在与一个真实的人交谈。

ChatGPT 有很多潜在的应用场景和价值。例如，ChatGPT 可以作为一个智能助理，帮助用户完成各种日常任务，如预订酒店、查询天气、安排行程等。ChatGPT 也可以作为一个教育工具，帮助用户学习新的知识和技能，如学习外语、编程、数学等。ChatGPT

还可以作为一个娱乐工具，帮助用户消遣和放松，如讲故事、说笑话、唱歌等。除此之外，ChatGPT 还可以用于其他专业领域。例如，它可以用于自然语言处理的研究，探索人类语言的本质和结构。在日常生活中，ChatGPT 也能帮助用户更好地理解和应用自然语言，特别是在跨语言交流和语言障碍方面。写作本书的主要目的是帮助读者探索 ChatGPT 在各种日常和专业任务中的应用方法，以便让 ChatGPT 能够更好地为我们服务。

总的来说，ChatGPT 是一项非常重要的技术革新，它为我们提供了一种全新的与人工智能模型交流的方式，使得最新、最强大的人工智能模型能够便捷地接入我们的生活和工作，从而为生活带来便利，为工作提升生产力。尽管 ChatGPT 还存在一些局限性，例如偶尔出现错误答案和语言歧义。但我们相信，随着技术的不断进步，ChatGPT 将在未来得到更广泛的应用和发展，为我们带来更加智能化的未来。

1.2 ChatGPT 的历史

ChatGPT 是 OpenAI 于 2022 年 11 月发布的产品，其名字中的"GPT"代表"Generative Pre-trained Transformer"，这是一种基于 Transformer 架构的大规模预训练语言模型。在 ChatGPT 问世之前，GPT 系列模型早已在自然语言处理领域引起了广泛的关注，它们不仅在多项自然语言处理领域的专业任务上展现出了惊人的性能，甚至还能够生成高质量的文本和代码。本节将简要回顾 GPT 系列模型的发展历程，以及其中的关键技术进步，以帮助读者更好地了解这一领域的最新发展。

1.2.1 GPT-1：预训练加微调

2018 年 6 月，OpenAI 发布了第一代 GPT 模型，即 GPT-1[2]。该模型采用了一种预训练加微调（Pre-training + Fine-tuning）的方法。在预训练阶段，模型会在大规模无标注文本上进行无监督学习，提取通用的语言特征；而在微调阶段，模型会在特定任务上进行有监督学习，以适应不同的任务需求。这种方法可以更好地利用大量的预训练数据，使得模型能够更好地适应各种特定任务。因此，GPT-1 模型在自然语言处理领域取得了巨大的成功。

GPT-1 使用了 Transformer[3]中的解码器作为特征提取器，总共堆叠了 12 层。每层包含一个多头自注意力机制和一个前馈神经网络，并使用残差连接和层归一化进行优化。

Transformer 是一种基于注意力机制的神经网络架构，可以有效地处理序列数据，并解决传统循环神经网络中存在的长距离依赖问题。通过使用 Transformer 架构，GPT-1 能够高效地处理序列数据并实现更好的性能。

GPT-1 使用了一个单词级别（Word-level）的词表，并采用字节对编码（Byte Pair Encoding，BPE）算法对低频词进行分割。BPE 是一种基于统计信息对词汇进行压缩编码的方法。这一算法对词汇进行了有效的统计建模，因此可以缩小词表大小，提高词汇覆盖率，从而更好地处理生僻的词汇。

GPT-1 在预训练阶段使用了一个无监督的预训练方法，称为语言模型预训练。在语言模型预训练中，模型根据之前出现的文字或单词，预测接下来可能出现的单词或文字的出现概率。例如，如果输入"今天天气不错，我想去……"，则模型需要预测下一个单词可能是什么，例如"公园""海边"等。该预测任务被称为语言建模，因为它涉及对自然语言的理解和生成。

在 GPT-1 的微调阶段，模型使用预训练好的语言模型来学习特定任务的相关特征。这个过程被称为迁移学习,因为它允许将在大规模数据上训练的通用语言能力应用到特定任务上。需要注意的是，微调阶段通常需要更少的数据和计算资源，因为预训练的 GPT-1 模型已经学习了自然语言的通用表示，这样可以使得微调阶段的学习更加高效。

研究人员在 12 个自然语言处理任务上对 GPT-1 进行了实验评估，包括阅读理解、自然语言推理、情感分析、摘要生成等。实验结果表明，GPT-1 在大多数任务上都取得了当时最好或接近最好的结果，并且整个过程只需要很少量的额外数据和工程开销，有时甚至完全不需要。由于其参数量只有 1.17 亿个，且只使用了 7 000 本书作为预训练数据集，因此 GPT-1 仍存在一些局限性。作为一个生成模型，它在开放式文本生成方面的能力还比较薄弱，无法完成给一个标题，就自动生成一篇新闻报道这样复杂的任务。尽管如此，GPT-1 所开创的"预训练+微调"的范式对后续自然语言处理的研究影响深远。随后的一系列语言模型，如 BERT、BART、T5 等都遵循了这一研究范式。

1.2.2　GPT-2：更大更强

为了克服 GPT-1 的局限性，OpenAI 在 2019 年发布了 GPT-2[4]。GPT-2 没有改变 GPT-1 的网络结构和训练方法，但是通过增加模型参数和数据量，极大地提高了模型的泛化能力和生成能力。具体的改进包括以下几点。

- 增加了模型规模：从 12 层扩展到 48 层，并且提供了不同（从 1.17 亿个到 15.48 亿个）参数量的版本。
- 增加了预训练数据量：从 4.5 GB 扩展到 40 GB，约 800 万篇英文文档。
- 增加了上下文长度：从 256 个词扩展到 1 024 个词。

随着模型规模和数据集规模的增加，GPT-2 在各种自然语言处理任务中展现了超越前辈的能力。例如，在对话生成任务中，GPT-2 可以根据给定的话题或情境，产生有逻辑性和连贯性的对话内容；在文本分类任务上，GPT-2 能够根据给定的标签或类别生成符合要求的文本；在文本摘要任务上，GPT-2 可以根据给定的文本生成简洁、准确、连贯的摘要，保留文本的主要信息和观点。更令人瞩目的是，GPT-2 在生成命题文本方面具有惊人的能力，可以根据标题或指令生成各种类型和风格的文本，普通读者已经很难区分 GPT-2 所生成的文本和真实的文本。

除了在特定任务上表现出色，GPT-2 还初步展现出一定的零样本（Zero-shot）或少样本（Few-shot）学习能力。零样本学习是指模型在没有任何额外训练的情况下，直接利用预训练好的参数和知识，只利用任务说明作为提示指令，对新任务进行推理和预测。例如，给定一个问题"北京是哪个国家的首都？"，GPT-2 可以直接生成答案："中国"。这说明 GPT-2 已经从大量的文本中学习到了一些常识和事实。少样本学习是指模型在给定少量的示例或模板作为提示输入的情况下，对新任务进行推理和预测。例如，给定一个翻译任务，提供一些英汉对照的句子作为输入，然后让 GPT-2 生成目标语言的句子。这种方式可以有效地引导模型适应新任务，并提高其泛化能力。

GPT-2 拥有零样本或少样本学习能力的原因，在于其采用了自回归和自监督的预训练方法。自回归意味着在生成每个单词时，模型都需要考虑前面所有单词的信息，从而具有出色的语言建模和文本生成能力。自监督意味着模型不需要使用任何人工标注数据进行训练，而是利用文本中隐含的结构和规律构建目标函数，并从海量无标注数据中学习到丰富、多样的知识。这些知识以数值形式存储在 GPT-2 的 15 亿个参数中，就像一个拥有 15 亿个神经元的大脑一样，能够记住并基于这些知识生成文本。GPT-2 的零样本或少样本学习能力使其适用于多种自然语言处理任务，包括翻译、问答、填空、文本摘要和文本生成等。在 GPT-2 出现之前，上述任务通常需要专门设计和训练不同的模型来分别实现，而 GPT-2

可以通过简单地调整输入格式和内容来实现。这也凸显了 GPT-2 作为通用语言模型的巨大潜力。

1.2.3 GPT-3：能力涌现

GPT-3 是 OpenAI 于 2020 年发布的预训练语言模型，是继 GPT-1 和 GPT-2 之后的第三代模型，参数数量高达 1 750 亿个[1]。该模型在多种自然语言处理任务上展现了惊人的性能，甚至可以仅通过简单的提示适应不同的下游任务，无须进行额外的微调。这些能力的出现令人意外。也就是说，在 GPT-3 被训练完成之前，人们并没有预见到它具有如此强大的能力。这种现象被科学家们称为大规模语言模型的涌现能力（Emergent Ability）。那么，GPT-3 相比于前一代模型 GPT-2 有哪些改进呢？下面将从以下几个方面进行介绍。

1. 数据规模和质量

GPT-3 使用了一个名为 Common Crawl 的数据集作为其主要的训练数据源。这个公开数据集包含数十亿网页文本内容，覆盖了英语、法语等多种语言，并收集了互联网上各个领域的文本资源，如维基百科、新闻、社交媒体、书籍等。这些数据涵盖了广泛而丰富的知识和话题，为 GPT-3 提供了强大而多样化的学习语料。由于训练数据来源多样且数量庞大，GPT-3 在各种语言和领域任务上表现出色。

在对 Common Crawl 的数据集进行了清洗之后，GPT-3 的训练数据总共包含 45 TB 的文本信息，相当于 5 000 亿个单词。相比之下，GPT-2 所使用的 WebText 数据集只包含了约 40 GB 的文本信息，大致相当于前者的 1/1000 规模。因此，在数据规模和质量上，GPT-3 显然具有更大的优势。

2. 模型规模和结构

GPT-3 大体上沿用了 GPT-2 的结构，但是在网络容量上做了很大的提升，也做了一定的结构优化。GPT-3 相对于 GPT-2 有如下改进。

- GPT-3 采用了 96 层的多头 Transformer，每层有 96 个注意力头。
- GPT-3 的词向量的维度是 12 888。

这些规模上的改进使得 GPT-3 的参数量达到了 1 750 亿个，成为当时最大的神经网络模型。这一数字比 GPT-2 的 15 亿个参数增长了 116 倍。单说数值可能读者难以直观地理解，我们可以参考生物学的研究成果来理解它。一般来说，大脑中的神经元数量与生物的智能程度成正比。同样地，模型的参数量与其性能也有正相关的关系。GPT-2 的参数量与蜜蜂大脑中的神经元数量大致在同一个量级，而 GPT-3 的参数量则与豪猪大脑中的神经元数量基本相当。可以形象地说，GPT-3 相对于 GPT-2 的"智力"提升，犹如从昆虫进化到哺乳动物的巨大跨越。

- 上下文窗口大小提升至 2 048 个词。
- 使用了交替密集和局部带状稀疏注意力机制。

Transformer 中的自注意力机制是 GPT 系列模型成功的关键。但随着模型长度的增长，自注意力机制的时间复杂度以模型长度的指数量级增加，这会使语言模型在计算上变得非常困难。为了解决这一问题，GPT-3 使用了交替密集和局部带状稀疏注意力机制。这里的稀疏注意力是指在计算注意力权重时，只考虑输入序列中一部分相关的元素，而不是所有元素。这样可以降低计算复杂度、减少内存消耗，同时保持较高的表示能力。GPT-3 交替地在 Transformer 的不同层中使用密集和局部带状稀疏的注意力机制。具体来说，GPT-3 在偶数层使用全局密集注意力，在奇数层使用局部带状稀疏注意力。局部带状稀疏注意力是指每个位置只关注其前后一定范围内（例如 128 个）的位置，并且这个范围会随着层数增加而扩大。

交替使用密集和稀疏注意力的好处是提高计算效率的同时，平衡全局和局部信息的融合。全局密集注意力可以捕捉长距离依赖关系，而局部带状稀疏注意力可以利用序列中存在的结构化信息（如语法、句子边界等）。通过交替使用两种类型的注意力，GPT-3 可以处理更长（最多 2 048 个 Token）、更复杂（如长文本的理解、生成等）的任务。

3. 学习方法和效果

GPT-3 和 GPT-2 一样，采用了无监督自回归的学习方法，即通过前面的文本预测下一个词或符号。这种方法使得语言模型能够生成连贯、流畅且符合语法、常识和逻辑的文本。与 GPT-2 不同的是，由于其巨大的数据规模、模型规模，以及优化技术等因素，GPT-3 展现出了以下新的能力。

（1）提示学习（Prompt Learning）是一种利用语言模型中蕴含的世界知识来完成下游任务的方法，它通过设计合适的提示（Prompt）来激活语言模型对特定任务的理解和表达能力。例如，如果想让 GPT-3 做阅读理解的任务，则可以给它以下提示。

Given a passage of text and a question, answer the question based on the text.

给出一段文本和一个问题，根据文本回答问题。

Text: The frog is a symbol of wisdom and transformation in many cultures. Frogs can live on land and water, and they can undergo metamorphosis from tadpoles to adult frogs. Some frogs can also change their color to blend in with their surroundings.

文本：青蛙在许多文化中都是智慧和变革的象征。青蛙可以生活在陆地和水中，并且它们可以从蝌蚪变成成年青蛙。一些青蛙也可以改变它们的颜色以适应周围环境。

Question: What is metamorphosis?

问题：什么是变态？

Answer:

答案：[①]

通过将这些提示作为上下文输入模型，GPT-3 可以根据给定的任务描述和示例来理解阅读理解任务，并使用自己内部存储或推断出来的知识生成问题的回答，即 a process of changing from one form to another（从一种形态转变为另一种形态的过程）。

（2）情景学习（In-Context Learning）也是一种提示学习方法。其特点在于，需要向语言模型展示一系列输入输出对，以展示给模型该任务的具体需求。例如，如果想让 GPT-3 做英法翻译的任务，则可以向其提供类似以下问答对作为上下文。

Q: sea otter

A: loutre de mer

Q: cheese

A: fromage

Q: apple

A:

---

① 由于 GPT-3 并不支持中文，所以我们给出英文的示例及中文翻译，以示严谨。

随后，GPT-3 会在"A:"后面续写生成这段上下文的文本——pomme。这就是最后一个问题的答案，即 apple 的法语翻译结果。这样，GPT-3 就可以从上下文中学习到翻译任务的知识，并生成相应的翻译结果。因为提供了一系列输入输出对，情景学习被视为小样本学习的一种方法。相比之下，没有提供任何输入输出对的提示学习则属于零样本学习。

（3）思维链（Chain of Thought）是一种提高语言模型能力，使其能够进行复杂推理的方法[5]。它通过让语言模型生成一系列中间推理步骤，来解决相对困难的问题。以算术运算为例，若希望 GPT-3 能够完成一个多步的四则运算任务，可以向其提供以下提示。

Solve this problem by showing your work step by step:

通过逐步展示你的工作过程，解决这个问题：

(5 + 7) * 2–4 =

GPT-3 可以生成类似这样的输出。

(5 + 7) * 2–4 =

12 * 2–4 = // add 5 and 7

24–4 = // multiply by 2

20 // subtract 4

这个提示的关键在于第一句话："通过逐步展示你的工作过程，解决这个问题"。使用这个提示指令，GPT-3 可以生成一个完整的思维过程，展示如何一步一步地进行算术运算，并提供每个步骤之间的规则或原因，而不是试图跳过计算步骤，直接猜测最终结果。这样做可以提高解决这一复杂问题的准确性。

综上所述，GPT-3 相比 GPT-2 在数据量、模型规模和学习方法上都有了显著的改进，使得它能够处理更复杂、更多样、更具挑战性的自然语言任务。

1.2.4 ChatGPT：与 AI 对话

2022 年 11 月 30 日，OpenAI 推出了全新的对话式通用人工智能工具——ChatGPT。据报道，几天内，已有超过 100 万名用户注册该应用程序（相关信息见"链接 1"）。令人惊叹的是，仅在 ChatGPT 推出两个月后，截至 2023 年 1 月底，其活跃用户数已突破 1 亿名（相关信息见"链接2"），成为史上增长速度最快的消费级应用程序，引起了全球范围内的广泛关注和热议。

ChatGPT备受欢迎的原因在于它能够像人类一样理解语言，通过自然、准确的对话方式与人类进行互动。这种交互方式彻底颠覆了人们对聊天机器人"人工智障"的传统看法。除了基本的聊天功能，ChatGPT还可应用户需求进行多项工作，如机器翻译、文案和代码撰写等。

从技术角度来看，ChatGPT是一种专注于对话生成的大型语言模型，它可以根据用户的文本输入和历史对话内容智能地生成回复。虽然GPT-3已经可以生成流畅的回复，但生成的回复经常让人觉得很奇怪。为了让大型语言模型生成的回复更符合人类预期，OpenAI在2022年初发表了一篇名为"Training language models to follow instructions with human feedback"的论文[6]。该论文介绍了一种基于人工反馈的强化学习的训练方法，其核心思想是使用近端策略优化算法对大型语言模型进行训练。这种基于人工反馈的训练方法可以大大减小人类回复与模型生成回复之间的偏差，也就是说，让模型的行为与人类行为对齐（Alignment）。论文中提出的模型叫作InstructGPT，是ChatGPT的前身（相关信息见"链接3"）。

基于人工反馈的强化学习这一概念最早于2008年在一篇名为"TAMER: Training an Agent Manually via Evaluative Reinforcement"的论文中被提出[7]。在传统的强化学习框架下，智能体通过向环境提供动作，获得环境返回的奖励和状态信息。然而，TAMER框架引入了人类标注者的评价作为除环境之外的额外奖励信号。该论文指出，引入人类评价的主要目的是加速模型的收敛速度、降低训练成本并优化收敛方向。该框架的提出为后续基于人工反馈的强化学习相关的工作奠定了理论基础。

在2017年前后，深度强化学习（Deep Reinforcement Learning）逐渐流行起来。一些研究人员成功地将TAMER框架与深度强化学习结合，将基于人工反馈的强化学习引入深度强化学习领域。这个阶段主要将基于人工反馈的强化学习应用于模拟器环境（如游戏）或现实环境（如机器人）。随着时间的推移，越来越多的研究工作将基于人工反馈的强化学习与语言模型结合，利用人工信号对不同的自然语言处理任务进行微调，效果也越来越显著。从2020年开始，OpenAI开始关注这个方向，并陆续发表了一系列相关论文，应用于文本摘要[8]和网页导航[9]等领域。最终，OpenAI将基于人工反馈的强化学习与GPT结合，提出了 InstructGPT，旨在改善利用 GPT-3 进行对话生成时回答内容的真实性、无害性和有用性。

2022 年 12 月，OpenAI 推出了 ChatGPT。它是数年来预训练语言模型研究的集大成者，甚至可以说是人工智能研究数十年来的最大成果之一。当时的 ChatGPT 以 GPT-3.5（GPT-3 的小幅改进版本）为基座，并使用基于人工反馈的强化学习进行了进一步的训练。最终，ChatGPT 以其强大的生成能力、多样的任务适应能力和令人惊叹的效果引起了广泛的关注和讨论。

1.2.5 GPT-4：多模态

2023 年 3 月 15 日，OpenAI 发布了 GPT 系列的最新力作——GPT-4[10]。这一新模型在发布当天就被集成到 ChatGPT 平台中。ChatGPT Plus 会员在开始新对话时可以选择不同的基座模型，其中就包括 GPT-4，如图 1-2 所示。通过选用 GPT-4 作为 ChatGPT 的基座模型，用户将能享受到更为出色的对话体验。

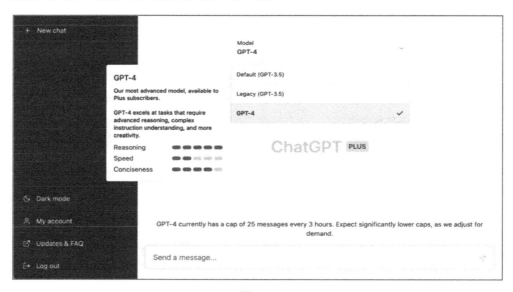

图 1-2

相较于前代产品，GPT-4 的最显著差异在于它能够处理图像和文本输入，并生成文本输出。换句话说，GPT-4 已不再仅仅是一个大型语言模型，而是发展成了一种多模态模型。

所谓的"多模态"是一个专业术语，意味着该模型能够同时处理多种不同类型的数据，如图像、文本、语音和视频等。多模态模型能整合各种数据信息，从而提供更全面且准确的理解和决策。例如，当模型同时学习图像和文本两种模态的数据时，就可以提高其在视觉和语言融合的任务上的效果。典型的融合任务有图像标注和图文分类等。同样地，在语音和文本模态间共同学习，有助于提升语音识别和语音合成的性能。

多模态模型一直是人工智能技术的一个重要目标和发展方向。其背后最关键的原因在于，人类的学习本身就是多模态的。在婴儿期的感知和认知发展过程中，宝宝会同时接触到多种不同类型的刺激，包括视觉、听觉和触觉。通过多模态学习，宝宝能够建立对外部世界的理解和认知。例如，当妈妈一边摇着金色的铃铛，一边给襁褓中的宝宝哼唱"金色的铃铛，叮当叮当——"时，宝宝能够将来自不同感官的信息整合起来，从而构建更全面且准确的感知和认知。与传统的语言模型相比，多模态模型可以通过对文本、图像和声音等多种不同模态的数据进行联合建模，更好地模拟人类学习的方式。传统的语言模型只能通过文字学习，虽然能够记住铃铛通常呈现金色、摇晃时发出叮当声，却无法真正领悟金色的实质和叮当声的具体音色。因此，多模态的 GPT-4 被认为是通往更强大、更通用的人工智能的坚实一步，是通用人工智能（Artificial General Intelligence，AGI）的雏形。

以下是一个展示 GPT-4 多模态能力的例子。GPT-4 不仅可以准确地理解图像中的内容，而且能依据常识知识判断图像中的"不寻常"之处。

用户：这张照片有什么不同寻常之处？

GPT-4：这张照片的不同寻常之处在于，一名男子被绑在一辆行驶中的出租车车顶上用熨衣板熨衣服。

仅就语言能力而言，GPT-4 也远超前代产品 GPT-3.5。首先，GPT-4 能处理更长的上下文，可以接受约 30 000 个单词文本作为输入，相比之下，GPT-3.5 只能处理约 4 000 个单词。同时，GPT-4 在高级推理和处理复杂指令方面的能力得到了显著提升。在模拟律师考试中，GPT-4 的得分位于前 10% 的考生之列，相较之下，GPT-3.5 则仅位于后 10%。在相当于美国高考的 SAT 考试中，GPT-4 在阅读和写作部分取得了 710 分（满分 800），较 GPT-3.5 高出 40 分，在数学部分，GPT-4 以 700 分超越 GPT-3.5 的 110 分。在 AP 生物学考试中，GPT-4 的成绩从 GPT-3.5 的 4 级提升至 5 级。在 GLUE 基准测试上，GPT-4 达到了 90.1% 的准确率，而目前人类最高水平仅为 88.5%。此外，GPT-4 在其他语言、编程和看图能力等领域也展现出了与人类相当，甚至超越人类的性能水平。

尽管 GPT-4 在诸多方面取得了显著进步，但它仍然存在一些局限性和潜在风险。在 OpenAI 的 GPT-4 技术报告中，作者特别强调了以下几个方面：GPT-4 仍不完全可靠，有时会产生事实错误或推理错误；GPT-4 可能生成有害或不道德的回复内容；无论是训练还是运行，GPT-4 都需要大量的计算资源，这给经济和环境都带来了不小的压力；由于 GPT-4 的强大能力，其被滥用或误用的风险相较前代产品有所增加。科学家们一直在努力改善和解决这些问题，相信将来会为人们提供更安全、更可靠、更高效的人工智能工具。

1.3 ChatGPT 的应用场景

ChatGPT 的问世不仅代表了在自然语言处理和人工智能领域取得的一项科研突破，更是人工智能在各个领域广泛应用的重要推动力。ChatGPT 所具备的强大对话能力，也让许多行业的从业者们意识到人工智能技术在各自领域中的潜在应用价值。现在，ChatGPT 已成为各个行业中备受瞩目的人工智能技术应用之一，为不同行业提供了全新的应用场景和商业价值。

1. 教育行业

在教育行业中，ChatGPT 可以担任在线课程的辅导员角色，不仅能够解答学生提出的问题，批改学生的作业，还能够推荐或生成学习资源，为学生提供全方位的帮助。此外，ChatGPT 也可以作为语言学习的得力伙伴，帮助学习者练习对话，纠正表达，扩充词汇。更进一步，ChatGPT 还能用于开发智能教学助理，帮助教师和学生高效地互动和沟通。这些应用场景有助于提高教育质量和效率，同时增加了教育资源和受教育的机会。

当然，ChatGPT 的滥用风险也是存在的。调查显示（相关信息见"链接 4"），美国有89%的学生试图利用 ChatGPT 完成家庭作业，48%的学生承认使用了 ChatGPT 来应对在家考试。53%的学生用它撰写论文，甚至有些课程的全班第一的论文是学生用 ChatGPT 撰写的。这种情况迫使许多学校全面禁用 ChatGPT。一旦发现学生在作业、考试或者论文中使用 ChatGPT，就会被认定为作弊行为。学生过度依赖 ChatGPT 可能会影响他们的学习和思考能力，同时也会损害教育的公平性和诚信性。因此，在推广 ChatGPT 应用的过程中，我们需要加强对滥用的监管和约束，以保障教育的公正性和学生的思维能力的发展。

2. 娱乐行业

在娱乐行业，ChatGPT 带来的主要是机遇而非挑战。例如，在游戏中，ChatGPT 可以扮演角色或 NPC，与玩家进行有趣的对话，提供任务或提示，展现个性或情感。在视频或音频平台中，ChatGPT 可以充当主持人或评论员，与用户互动，分享观点或信息，引导话题或气氛。无论在何种娱乐场景中，ChatGPT 都可以为各类"数字人"提供更智能的"大脑"，从而在娱乐行业中创造更多可能性。因此，笔者断言，ChatGPT 或类似技术可能会让已逐渐式微的元宇宙技术再次燃起希望。此外，在心理健康抚慰、家庭闲聊等泛娱乐产业中，拥有 ChatGPT 大脑的数字人也有广泛的应用前景。

3. 客户服务行业

客户服务行业是自然语言处理技术最早应用的行业之一。然而，早期的技术并不智能，这导致人们对此产生了"人工智障"这一偏颇印象。随着 ChatGPT 技术的出现，这一认识将得到彻底的改变。基于其强大的对话能力，ChatGPT 在客户服务行业中的应用前景非常广阔。

首先，ChatGPT 可以一定程度上替代人类客服人员与客户进行交互，使得人类客服可以将精力集中于解决一些复杂的问题。ChatGPT 的服务可以全天 24 小时不间断，无论是在线客服还是电话客服，ChatGPT 都可以高效地回复客户，从而提高客户的满意度。

其次，ChatGPT 可以利用语义理解和情感分析等技术更好地理解并回应客户的需求。通过与客户互动，ChatGPT 可以深入了解客户的具体问题，针对客户的需求提供个性化回答，并根据客户的情感状态进行回应，以提高客户的满意度。

此外，ChatGPT 还可结合机器学习和数据分析等技术，不断改进客户服务体验。ChatGPT 能够分析大量的客户服务数据，并根据反馈不断优化其响应和解决方案，进而提升客户对企业的信任度和忠诚度。

对企业而言，应用 ChatGPT 的好处不仅在于能够提高客户服务的质量，同时还能够降低客服成本。相比于传统的人工客服，ChatGPT 可以节省大量人力和物力，并且能够同时处理多个客户的请求，从而提高工作效率。这种自动化的客户服务方式，不仅能够加快问题解决的速度，还能够提高客户满意度，因为 ChatGPT 可以在任何时候快速响应客户的需求。

4. 医疗行业

ChatGPT 在医疗行业中的应用前景同样是机遇与挑战并存。

一方面，ChatGPT 能帮助医生和患者进行有效的沟通和协作。例如，ChatGPT 可以作为患者的健康顾问，回答患者的疑问，提供医疗建议，监测患者的健康状况，等等。ChatGPT 也可以作为医生的助手，提供诊断建议，推荐治疗方案，监测患者的治疗进展，等等。这些应用场景可以提高医疗效率和质量，减少医疗资源的浪费和误诊。

另一方面，ChatGPT 在医疗行业中的应用也存在着挑战。首先，医疗领域的数据非常复杂和敏感，因此需要严格遵守隐私和安全要求。其次，医疗领域的知识和技能非常专业和复杂，因此 ChatGPT 需要具备更高的专业水平和更丰富的领域知识。最后，ChatGPT 在医疗应用中的风险也非常高，一旦出现误诊或者错误的建议可能会对患者造成极大的伤害。

因此，ChatGPT 在医疗行业的应用需要更加谨慎，需要充分考虑数据安全、专业性和风险控制等方面的问题。

5. 其他

除了上述行业，ChatGPT 还可以在许多其他行业中发挥作用。例如，ChatGPT 可以作为财务分析师，帮助投资者分析市场趋势，预测股票价格，管理投资组合；ChatGPT 可以作为法律顾问，帮助律师和法律团队分析法律文件，提供法律意见，预测案件结局；ChatGPT 可以作为营销分析师，帮助企业分析市场趋势，预测产品销售情况，制定营销策略；ChatGPT 还可以帮助研究人员进行文献综述，提供实验设计，协助数据分析；等等。

总之，作为一种通用的自然语言处理工具，ChatGPT 具有广泛的应用前景。随着技术的不断发展和应用的不断拓展，相信 ChatGPT 未来可以在更多的领域发挥作用，并为我们的生活和工作带来更多便利和创新。撰写本书的目的也是让从事各行各业的广大读者们能够更好地了解 ChatGPT 的技术原理和使用方法，从而为各位读者在自己的专业领域中应用 ChatGPT 提供更多的启示和参考。

1.4 ChatGPT 的局限性

虽然 ChatGPT 在对话生成方面具有很高的水平和广泛的应用前景，但是囿于技术、数据、策略等多方面的原因，它仍然存在一些局限和不足。

1. 数据问题

作为 ChatGPT 的基础和底座，GPT-3.5 的预训练数据来自互联网上的各式各样的文本。然而，这些文本的质量并不稳定，存在着错误、噪声、重复、偏见等问题，这些问题对于模型的学习效果和输出质量有着不可忽视的影响。例如，如果数据集中包含了大量由男性或某个特定地区的人撰写的文本，那么该模型产生包含性别偏见或地域歧视的回应的可能性就更高。此外，ChatGPT 的用户数据都为 OpenAI 所掌握，因此长期大规模使用可能存在数据泄露的风险。这些问题必须得到认真对待，切不可忽视。

2. 标注者偏差问题

为了让 ChatGPT 生成更符合人类预期的结果，采用了基于人工反馈的强化学习。这也导致了模型的行为和偏好在一定程度上反映的是标注人员的偏好。举例来说，如果标注人员对某些话题或观点存在偏见，他们所标注的数据可能会导致模型生成偏向这些观点的回答。这样，当语言模型用于生成对话时，就可能产生不恰当或冒犯性的内容。标注者偏差的最典型体现是，标注人员往往倾向于写更长的答案，因为这种答案看起来更全面，这导致 ChatGPT 也更倾向于生成更长的回答，这在某些情况下会显得啰唆冗长。

3. 事实性和可解释性

虽然 ChatGPT 通常能够生成高质量的回复，但有时也会不经意地编造出一些看似通顺，实则荒唐的语句。随着 ChatGPT 回答能力的不断提高，这种错误回答的误导风险也逐渐增大。更为重要的是，目前 ChatGPT 还无法提供有力的证据来验证其回答的可信性。这是因为 ChatGPT 的神经网络结构极其复杂，内部运作机制难以解释，决策过程和结果也难以直观地理解。这给 ChatGPT 的应用带来了一定的难度和风险。特别是在敏感或关键领域使用该模型时，需要对其输出进行仔细的审核和验证。

4. 资源消耗问题

ChatGPT 模型的参数量十分巨大。根据微软介绍，它为 OpenAI 开发了一台定制的超级计算机用于模型的训练。这台超级计算机有 28.5 万张 CPU 和 1 万张 GPU（据猜测为英伟达 V100），其算力在全球超算排名里面可以位列前 5 名（相关信息见"链接 5"）。因此，每次训练或运行 ChatGPT 都需要耗费大量的电力、时间和金钱。资源消耗问题不仅限制了 ChatGPT 的普及和扩展，也引发了一些社会和环境方面的担忧。一方面，资源消耗问题导致了算力不平等，只有少数拥有强大硬件设备和资金支持的公司或机构才能使用或开发类似于 ChatGPT 的大模型。这可能会造成技术垄断和竞争不公平，并影响 AI 创新和多样性。另一方面，资源消耗问题也加剧了碳排放和能源危机，对全球气候变化和可持续发展造成负面影响。

5. 多模态问题

ChatGPT 目前的输入和输出都是文本，它没有办法真的理解语音、图像等其他多模态信息。例如，ChatGPT 知道白色这个词，甚至也可以用各种华丽的辞藻来形容白色，但是从根本上它并不明白"你说的白是什么白"。这限制了它在某些任务上的应用能力，如视觉问答和语音识别等。虽然可以通过将图像和语音转换为文本，然后输入 ChatGPT 进行处理，但这样做会降低处理速度和准确度，也无法完全利用多模态信息的优势。因此，将 ChatGPT 与其他技术（如先进的图像处理和语音识别模型）结合，将是克服这一局限性的一种途径。微软的研究人员在 2023 年 3 月 8 日发布了 Visual ChatGPT[11]，这是一款将 ChatGPT 与 Stable Diffusion 模型相结合的应用产品，能够实现用图片生成文字，也能够实现用文字生成图片。稍后发布的 GPT-4 更是将图像、视频、语音等各种模态的数据和文本数据统一到一个大模型中进行学习，并在其演示视频中展示出了惊人的能力，但是目前尚不知其技术细节。截至本书成稿之日，多模态的 GPT-4 还没有接入 ChatGPT。但可以预见的是，多模态技术的发展将进一步推动大模型在各行各业中的应用，并为人工智能技术带来更加广阔的应用前景。

2

从网页到 API：手把手教你使用 ChatGPT

本章将介绍如何与 ChatGPT 进行交互。首先，介绍 ChatGPT 的基本功能及如何与 ChatGPT 对话。接着，介绍如何使用 API 的方式来访问 ChatGPT，以便在自己的应用程序中集成 ChatGPT。此外，还将介绍如何用微软新必应、ChatGPT 桌面客户端等方式使用 ChatGPT。通过本章的学习，读者将了解如何在不同的场景中使用 ChatGPT，从而能够更灵活地应用 ChatGPT 的强大功能。

2.1 使用官方网站与 ChatGPT 进行交互

访问 OpenAI 的网站并与 ChatGPT 交互是最基础和常见的方式。本节将提供详细的教程，帮助读者通过 OpenAI 官方网站使用 ChatGPT 在网页上交互。首先，需要访问 OpenAI ChatGPT 的网站。一旦网页打开，将看到如图 2-1 所示的界面。接下来，让我们探索如何与 ChatGPT 进行对话。

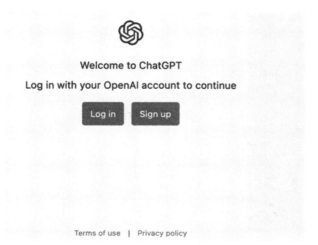

图 2-1

在与 ChatGPT 对话之前，有以下几件事需要再次强调。

（1）上下文感知：为了生成相关的回复，ChatGPT 需要足够的上下文信息。因此，在交谈过程中，提供充分的上下文是至关重要的，这样才能得到更准确的答案。

（2）局限性：尽管 ChatGPT 是一种先进技术，但它并不完美，有时可能会产生不正确或无关的回复。因此，在使用 ChatGPT 时，需要认真检查它的输出并运用自己的判断力来确定回复的准确性。

（3）伦理考虑：作为一个大型语言模型，ChatGPT 有可能生成有害或冒犯性的内容。因此，如果真的要在实际工作或生活中使用 ChatGPT，需要认真考虑语言模型的伦理影响，并采取措施来减轻潜在的危害。

在完成注册和登录等常规流程后，将看到如图 2-2 所示的页面，这也是用户与 ChatGPT 进行交互的主要页面。

图 2-2

在 ChatGPT 的页面上，用户可以很容易地找到输入框，它位于页面的下方。用户可以在输入框中输入任何问题，然后单击右侧的"发送"按钮。ChatGPT 将立即回答用户的问题。

例如，用户可以输入"什么是元宇宙？"作为问题，ChatGPT 可能会给出如图 2-3 所示的回答。

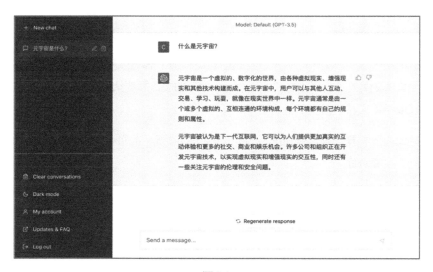

图 2-3

如果用户对 ChatGPT 的回答不满意，或者希望获得更多样化的回答，可以单击页面下部的"Regenerate response"按钮。ChatGPT 将重新生成一个答案，如图 2-4 所示。用户可以反复单击"Regenerate response"按钮，每次 ChatGPT 的回答都会有所不同。当然，这取决于问题是不是开放性问题，可否从不同的角度来回答。需要注意的是，ChatGPT 的回答可能存在不同程度的差异，有时甚至可能不同的回答讲述了不同的事实。因此，在使用 ChatGPT 的过程中，需要谨慎评估回答的准确性和可信度。

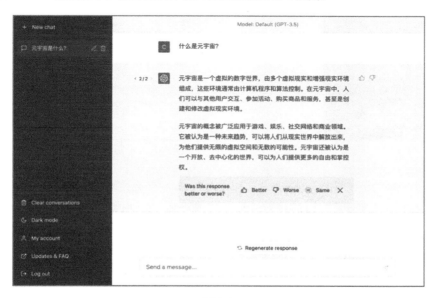

图 2-4

用户可以在页面下方选择"Better""Worse"或"Same"选项来反馈对 ChatGPT 的新回答是否满意。这些反馈将有助于 ChatGPT 更新模型，提供更好的服务。此外，如果用户需要再次查看之前的回答，可以单击页面左边的"<"符号，返回到上一个回答。

接下来，我们可以继续与 ChatGPT 对话，进一步探讨相关的问题。例如，您可能经常听到 Facebook、扎克伯格、Meta 等名词与元宇宙同时出现，但并不清楚它们之间的关系。因此，可以提问"这和 Facebook 有什么关系？"。ChatGPT 可能会给出如图 2-5 所示的答案。

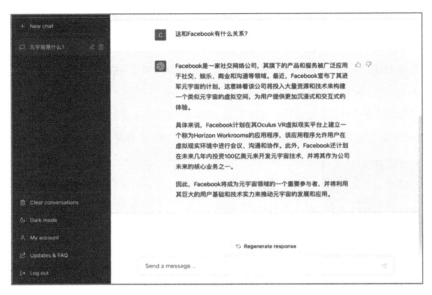

图 2-5

值得一提的是，所提的问题是"这和 Facebook 有什么关系？"，而不是"元宇宙和 Facebook 有什么关系？"。ChatGPT 能够理解问题中的"这"指的是之前对话中提到的"元宇宙"，这表明 ChatGPT 具备上下文理解的能力。这是 ChatGPT 强大的自然语言处理能力的体现之一。

页面左上角出现了一个"元宇宙是什么？"的标签。这是 ChatGPT 根据用户和 ChatGPT 的对话，总结出来的这个对话的主题。ChatGPT 会默认保存用户和 ChatGPT 之间的对话记录。因此，用户可以在任何时间单击这个"元宇宙定义"标签，继续和 ChatGPT 讨论关于元宇宙的话题。当然，在用户觉得必要的时候，也可以单击标签右侧的垃圾桶按钮，删除这个对话记录。

在"元宇宙是什么？"标签上方，有一个"+ New chat"的按钮。通过单击这个按钮，用户可以开始一个新的对话。在这个新的对话中，再次询问 ChatGPT"这和 Facebook 有什么关系？"，ChatGPT 不再将"这"理解为"元宇宙"，而是会认为用户在询问它自身和 Facebook 之间的关系，并给出如图 2-6 所示的回答。

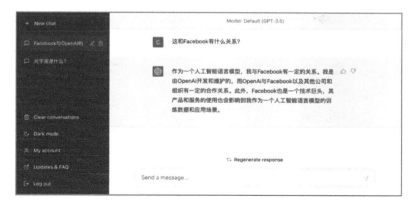

图 2-6

除了可以生成文本回答，ChatGPT 还可以生成程序代码。图 2-7 所示为一个生成程序代码的例子，ChatGPT 根据要求生成了一段简短的 Python 代码，并且提供了对代码的解释。

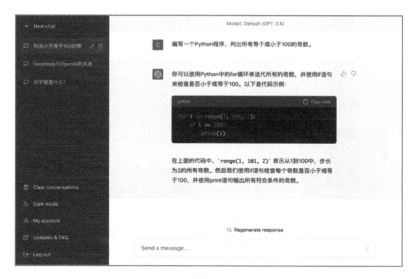

图 2-7

除了可以生成文本回答和程序代码，ChatGPT 还可以用来写歌曲。需要注意的是，这里说的是写曲，而不是写歌词。写歌词对于 ChatGPT 而言相对简单，因此在这里我们来挑战写曲，也就是谱曲。当然，由于 ChatGPT 是一个大型语言模型，无法生成五线谱，因此使用 ABC 记谱法来创作曲子，如图 2-8 所示。

图 2-8

ABC 记谱法是一种常用的西方记谱方式，它用字母代表音符。在中国，更为常见的是简谱，它用数字代表音符。因此，也可以尝试使用 ChatGPT 创作简谱音乐，如图 2-9 所示。

图 2-9

除了文本、代码和音乐，我们还可以尝试一些更有趣的事情，如让 ChatGPT 用表情符号来描述辣子鸡的制作过程，如图 2-10 所示。这样的创意可以让各位读者更好地了解 ChatGPT 的潜力和局限性，也能带来很多有趣的发现和惊喜。

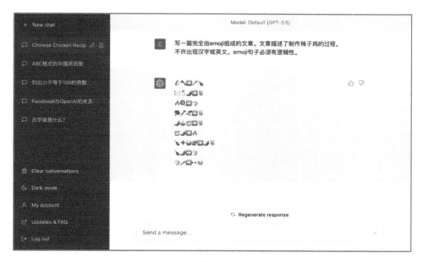

图 2-10

总之，作为一种先进的自然语言处理技术，ChatGPT 具有非常广阔的创新和应用空间。第 4 章和第 5 章将介绍一些 ChatGPT 在下游任务中行之有效的最佳实践方法。但是，正如思维链是在 GPT-3 发布一年多之后才被人们所发现的那样，ChatGPT 肯定还有许多有趣的使用方式等待人们去探索。这些探索将不断拓展 ChatGPT 的能力边界，也为人们的生活和工作带来更多的便利和创新。因此，笔者鼓励各位读者，尝试更多的应用场景和使用方式，去挖掘 ChatGPT 的无限潜力。

2.2　用 API 的方式访问 ChatGPT

作为一名程序员，可能更倾向于使用 API 的方式来访问 ChatGPT，或者需要将 ChatGPT 整合到网站或应用程序中。要使用 ChatGPT API，需要进行以下几个步骤。

（1）获取 API 密钥：在使用 ChatGPT API 之前，需要在 OpenAI 网站上申请一个 API 密钥，如图 2-11 所示。

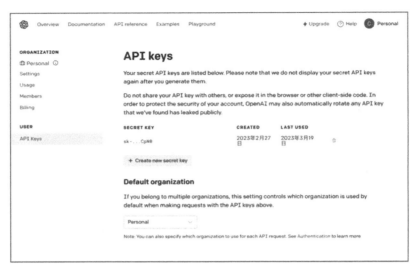

图 2-11

（2）选择编程语言：ChatGPT API 提供了多种编程语言的 SDK 和库，包括 Python、Java 和 JavaScript 等。在本书中，笔者选择了自己最熟悉的编程语言 Python，根据所选择的编程语言，使用包管理器（如 pip 或 npm）安装相应的 SDK 或库。使用 pip 安装 Python 语言的 OpenAI 库的示例如下：

```
pip install openai
```

（3）创建 API 实例：使用 API 密钥和必要的配置选项创建 API 的新实例。

```
# 导入 openai 库
import openai

# 设置 API 密钥
openai.api_key = "YOUR_API_KEY"
# 设置 API 参数
model = "gpt-3.5-turbo"  # 选择模型
max_tokens = 500 # 生成的最大长度
temperature = 1  # 控制生成的多样性和创造力
stop = None  # 停止生成的标记
```

（4）向 API 发出请求：在创建了 API 的实例后，就可以向 API 发出请求，使用 openai.Completion.create 方法基于给定的提示生成文本，下面是一个示例。

```
# 定义发出请求并返回生成结果的方法
def post(messages):
# 调用 ChatGPT API 生成文本
    response = openai.ChatCompletion.create(
        model=model,
        messages=messages,
        temperature=temperature,
        #max_tokens=max_tokens,
        #stop = stop
    )
    # 获取生成的文本
    generated_text = response.choices[0]
                    .message.content.strip()
return generated_text
```

当然，OpenAI 的 API 还提供了其他方法，用户可以根据需要使用这些方法进行操作。有关 API 的详细信息和使用方法，请参阅 OpenAI 提供的开发者文档。

（5）处理响应：一旦从 API 获得了响应，就需要对其进行处理。例如，可以从响应中提取生成的文本，并将其显示在应用程序中。上述步骤的一个简单的示例如下：

```
messages = [{"role": "system", "content": "你好 ChatGPT"}]
while True:
    # 输入文本
    print('请输入内容：')
    prompt = input() #prompt = "YOUR_INPUT"

    messages.append({"role": "user", "content": prompt})
    generated_text=post(messages)
    messages.append({"role": "assistant", "content":
                generated_text})
    # 打印生成的文本
    print("ChatGPT 回答： ", generated_text)

    if len(messages) > 5: #可将 5 更改为其他奇数
        messages.pop(1)
        messages.pop(1)
    # 输入过长时删除最开始的问题和回复
```

相比于使用网页，使用 ChatGPT API 具有以下显著的优点。

（1）更高的性能和速度：通过直接与服务器交互，使用 API 可以实现更快的响应速度、更高的性能。这使得 API 特别适用于需要快速响应和处理大量数据的任务。

（2）更好的可控性和定制性：使用 API 可以获得更好的可控性和定制性，因为它允许开发人员在应用程序中精确地控制和调整模型的参数和配置，以满足其特定需求。

（3）更好的安全性和稳定性：API 通过身份验证和访问控制来限制访问，具有更好的故障处理和错误处理机制，可以获得更好的安全性和稳定性。

（4）更好的跨平台兼容性：API 是一种标准化的接口，可以轻松地在各种平台和操作系统上使用。这使得 API 更易于在不同的应用程序中集成和使用。

总之，使用 API 为开发人员提供了更高效、可控、安全和稳定的方式来集成和使用 ChatGPT，这使得它成为许多应用的首选。需要注意的是，使用 ChatGPT API 是需要付费的。目前，ChatGPT API 的收费标准是每 1 000 个 Token 收费 0.002 美元。这里的 Token 是自然语言处理领域的标准术语，可以大致理解为中文的字或者英文的单词。虽然这一价格并不高，但需要注意的是，无论输入还是输出都要计费。在连续对话中，为了保持对话的连续性，每次请求都需要回传历史消息，这样按量付费的费用也可能会很高。因此，在使用 ChatGPT API 之前，需要仔细评估 API 的收费标准，并合理规划使用量，以避免出现意外费用。

2.3　使用 ChatGPT 的其他方式

作为一款智能对话服务后台模型，ChatGPT 已经被成功接入多个第三方软件中，使得用户可以在不同的平台和场合中使用 ChatGPT，尽情享受其带来的智能对话体验。

1. 微软新必应

微软的新必应（New Bing）是目前最知名的已接入 ChatGPT 的第三方软件之一。自从谷歌凭借搜索引擎成为全球最能赢利的 IT 企业后，微软便一直试图在搜索引擎市场上分一杯羹。必应（Bing）便是微软推出的搜索引擎，但自 2009 年推出以来，市场反应一直不尽如人意。2023 年 2 月的数据显示，必应在全球搜索引擎市场的占有率仅为 2.81%。在美国市场稍微高一些，也仅为 6.33%（相关信息见"链接 6"）。虽然在搜索引擎市场上，谷歌仍占据着绝对的领导地位，但必应一直在努力争取市场份额，新必应也是微软的最新尝试。

OpenAI 作为一个非营利组织，需要资金来支持其研究项目和运营成本。OpenAI 的资金来源包括来自企业合作伙伴的赞助、政府拨款、投资和私人捐赠等。其中，微软是 OpenAI 的战略合作伙伴之一，于 2019 年向 OpenAI 投资了 10 亿美元（相关信息见"链接 7"）。为了支持 OpenAI 训练大型语言模型，微软为 OpenAI 提供了全球性能排名前 5 的超级计算机。作为回报，微软与 OpenAI 合作开发了新必应。可以说，微软的资金支持和技术支持为 OpenAI 的研究提供了重要的支持，而 OpenAI 所研发的技术也为微软带来了新的商业机会和竞争优势。

新必应是基于 OpenAI 的 ChatGPT 技术开发的新一代搜索引擎。它于 2023 年 2 月首次发布，与 ChatGPT 发布仅相隔三个月。在 GPT-4 模型发布后，新必应也第一时间将底层模型升级到了 GPT-4。与 ChatGPT 相比，新必应最大的优势在于时效性。每次回答问题时，新必应会将用户的提问转换为搜索请求，在互联网上进行搜索，找到相关的网页后，基于网页的内容来回答用户的问题。相比于仅依赖记忆来回答问题的 ChatGPT，新必应能够提高信息准确性，因为它所回答的内容是基于实时的网络搜索结果的。

要使用新必应，笔者推荐使用微软推出的 Edge 浏览器。在浏览器中输入其地址即可访问，如图 2-12 所示。在该页面中，单击"立即聊天"按钮，即可开始与新必应进行对话式的交互。新必应和 ChatGPT 交互的体验非常相似，使用起来也非常方便。

图 2-12

图 2-13 所示为一个示例，笔者向新必应提出了问题"新必应和必应有什么区别？"新必应在生成回答之前，先在互联网上搜索了"新必应和必应有什么区别？""新必应和必应的区别"等一系列的问题，获得搜索结果后，才基于这些结果生成了回答。同时，新必应在回答中列出了信息的出处，也就是下面的"了解详细信息"里的那些网页链接。此外，新必应在回答完成之后，还会给出几个可能的后续相关问题，为用户进行更深入的搜索提供帮助。

图 2-13

除了通过网址访问，新必应还提供了另一种更为便捷的使用方式——通过单击 Edge 浏览器右上角的带有气泡的"b"按钮。单击该按钮即可快速打开新必应。除了对话式聊天，使用这种方式还可以让新必应帮助用户撰写各种风格的、长短不一的文章，如图 2-14 所示。

总之，借助微软的强大财力和与 OpenAI 的特殊合作关系，新必应为用户提供了一款独特的应用产品，将传统搜索引擎与现代对话式语言模型结合。这不仅让更多的用户能够体验到对话式语言模型的强大能力，也将深刻地改变人们获取信息的方式。

图 2-14

2. ChatGPT 桌面客户端

如果不想通过浏览器访问 ChatGPT，则可以使用热心网友开发的 ChatGPT 桌面客户端。该桌面客户端支持 Windows、macOS 和 Linux 等多种操作系统。用户可以根据自己的需求在它的发布网站上下载相应版本的 ChatGPT 桌面客户端软件。

使用 ChatGPT 桌面客户端时，需要先注册并登录 OpenAI 账号。登录后，软件界面与 ChatGPT 网页非常相似。与基于浏览器的应用程序相比，桌面客户端在稳定性、可靠性、安全性等方面有一定优势，具体可参考图 2-15 中 ChatGPT 的回答。此外，桌面客户端还新增了几个功能按钮，分别是导出 Markdown、导出图片、导出 PDF 和刷新页面，对于需要大量截图或复制 ChatGPT 回复的用户来说，这些功能也提升了使用 ChatGPT 的便利性。

图 2-15

ChatGPT 桌面客户端的另一个特别之处在于其集成了许多提示指令，并且可以通过命令行的方式快速调用这些指令。图 2-16 展示了部分提示指令，例如，若需要使用 ChatGPT 翻译和改进英文文章，可直接在客户端使用命令 "/english_translator_and_improver"，不必输入冗长的提示指令。

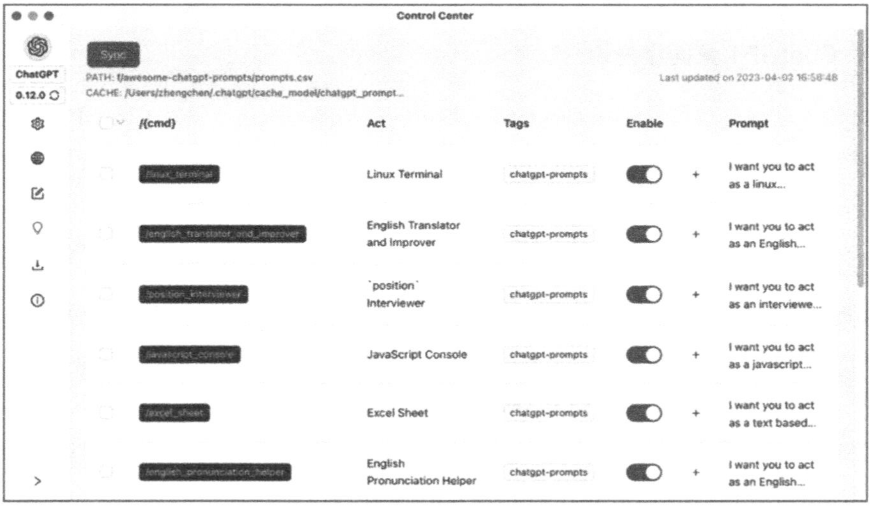

图 2-16

当然，这样做也有一定的缺陷，这些提示指令都是预先设定好的，而且都是英文的，因此灵活性不足。建议读者在阅读完本书后，逐一学习和尝试这些提示指令。如果想要 ChatGPT 发挥它最大的威力，还需要针对自己的任务尝试编写适合的提示指令。

3. 在微信中使用 ChatGPT

由于微信是国内使用最广泛的聊天工具之一，因此很多用户希望能在微信中使用 ChatGPT，与 ChatGPT 进行聊天或者利用 ChatGPT 生成聊天回复。目前，已经有两个最著名的第三方开源项目，即 wechat-chatgpt 和 chatgpt-on-wechat，提供了这样的功能。

安装并部署这两个开源项目中的任意一个，就可以在微信中实现一个 ChatGPT 聊天机器人，它既可以进行一对一聊天，也可以参与群组聊天。使用 chatgpt-on-wechat 搭建的群组聊天机器人界面如图 2-17 所示。

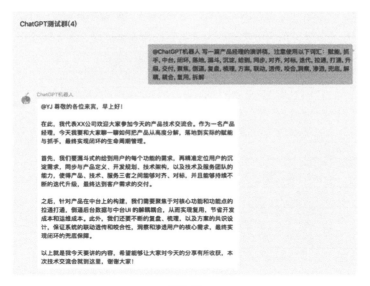

图 2-17

这样的开源项目的基本原理是对微信通信协议做了逆向工程，通过编写第三方程序模拟微信 App 登录到微信服务器，然后将服务器返回的对话信息截取下来发送到 OpenAI 的网站上生成回复。因此，搭建 ChatGPT 微信聊天机器人需要购买服务器、部署代码等，具有一定的技术门槛。此外，这样的开源项目可能存在使用微信官方未授权的通信协议的情况。同时，微信也可能随时更改通信协议，导致这样的开源项目无法正常使用。因此，在本书中不会进一步深入讨论这个话题。如果读者感兴趣，建议在使用这样的项目之前，仔细了解其安全性和合法性，以及项目的维护情况。

4. 第三方镜像网站

自 ChatGPT 爆火以来，互联网上出现了大量的第三方镜像网站。这些网站与 ChatGPT 官方网站外观类似，但大多数不需要注册、登录等一系列烦琐的操作，因此非常适合那些出于好奇心，想体验 ChatGPT 的用户。这些网站的开发者大多出于善意，希望将 ChatGPT 这一最新的对话人工智能技术推广给更多的用户。但是，也不乏有人利用这样的网站窃取用户信息，甚至牟取不正当利益。此外，由于这些第三方网站多由个人搭建，缺乏稳定的资金支持，因此它们的稳定性不好，很可能出现几天后就无法访问的情况。因此，尽管第三方镜像网站可以方便用户使用 ChatGPT，但本书并不推荐任何特定的第三方镜像网站。

再次强调：使用第三方镜像网站存在一定的风险，使用时需谨慎。特别是在输入个人信息时要特别小心，以免信息被窃取。如果遇到任何安全问题，请立即停止使用并寻求专业的技术支持。

3

演进之路：从语言模型到提示工程

本章将介绍语言模型和提示工程的基本概念和技术原理。语言模型是人工智能领域的一个重要研究方向，其从雏形初现到如今的新时代，经历了数十年的发展和演进。其中，Transformer 是目前最成功的语言模型之一，其结构和原理被广泛应用于各种自然语言处理任务。同时，本章还将详细介绍语言模型的训练方式，包括自回归训练和基于人工反馈的强化学习。此外，读者还将了解到提示工程，这是一种提高语言模型性能的重要技术手段，通过多样化、问题重述、提供背景知识、梯度提示、提供示例、角色扮演、实验与评估等技巧，可以使模型更加智能、灵活和可控，从而促进应用与创新。

在这个过程中，笔者将尽可能用通俗易懂的语言来描述相关概念，避免使用过多的专业术语。但是，一些最基本的公式和形式化定义仍然是必要的。只有理解了这些内容，才能更好地理解 ChatGPT 的原理，从而创造出符合特定的生活和工作需求的 ChatGPT 使用方式。

3.1 什么是语言模型

在前面的内容中，我们经常提到 GPT 是一个语言模型。那么什么是语言模型呢？简单来说，语言模型（Language Model，LM）是自然语言处理（Natural Language Processing，NLP）中的一个基础概念，它使用各种统计和概率技术来确定一个给定的符号序列在人类的自然语言中出现的概率。对于一个符号序列$x_1, x_2, \cdots, x_n$，语言模型可以计算其联合概率：

$$P(x_1, x_2, \cdots, x_n)$$

这个概率分布反映了这个序列作为一个连续片段在语料库中出现的频率。这个概率越高，说明这个符号序列越符合自然语言的习惯；这个概率越低，说明这个符号序列越不自然或者不通顺。

为什么需要语言模型呢？在自然语言处理中，经常需要对一个给定的句子进行某种操作，例如翻译成另一种语言、判断其是否合法、生成下一个词等。为了完成这些操作，需要有一个方法来评估一个句子的好坏或者可能性。这就是语言模型的作用。

举个例子，假设要翻译下面这个英文句子。

> I love natural language processing.

如果有两个候选的中文翻译。

- 我爱自然语言处理。

- 自然我爱处理语言。

显然，第一个翻译更合理且流畅，第二个翻译很奇怪且不通顺。那么，怎么量化这种直觉呢？一种方法是使用语言模型来计算每个翻译在中文中出现的概率，并选择概率最高的那个作为最终结果。如果我们有一个好的中文语言模型，它应该能够给第一个翻译分配更高的概率，因为第一个翻译更符合中文的习惯和规则。

GPT 是一类特殊的语言模型，称作自回归语言模型（Auto-Regressive Language Model，ARLM）。自回归语言模型的特点是，假设一个文本序列中的每个词都依赖于前面的词。也就是说，给定一个序列$X = (x_1, x_2, \cdots, x_T)$，其中$x_t$表示第$t$个词，或者准确地说应该叫作 Token，自回归语言模型的目标是计算该序列的联合概率分布 $P(X)$，并且根据链式法则（Chain Rule），将其分解为

$$P(X) = P(x_1)P(x_2|x_1)P(x_3|x_1, x_2)\cdots P(x_T|x_1, x_2, \cdots, x_{T-1}) = \prod_{t=1}^{T} P(x_t|x_{<t})$$

其中 $x_{<t}$ 表示序列中小于 t 的所有 Token。因此，自回归语言模型实际上是建立了一个条件概率分布 $P(x_t|x_{<t})$ 模型，即在给定前缀的情况下，预测下一个 Token 出现的概率。一个语言的 Token 数量是有限的，所有的 Token 的集合称为词表。语言模型可以预测词表中每个 Token 在此给定前缀的情况下出现的概率，所有的 Token 出现的概率组合到一起就形成了一个概率分布。接下来，只需要通过某种策略——称为解码算法——从语言模型输出的概率分布中选择一个概率比较大的 Token 作为序列的下一个 Token。将这个新的 Token 加入前缀中，再用语言模型预测下一个位置的概率分布，再选择一个新的 Token。迭代此过程就可以生成一段流畅的自然语言文本。

前面提到了几个相似的概念：Token、符号、语义单元、字和词，很多时候，它们被交替使用。接下来，笔者必须给出明确的解释，不然读者会很糊涂。在自然语言处理领域，Token 通常指的是文本处理的最小单位。一般情况下，语言模型会对文本进行分词或分字处理，从而将文本转换为由一系列 Token 组成的序列。这样做的目的是让模型能够理解和处理输入的文本。如果进行的是分词处理，那么词就是一个 Token。传统的语言模型大多采用分词的方法处理文本，特别是英文的单词之间天然存在空格来分隔，非常适合分词的处理方式。但是在中文文本中，词与词之间通常没有显式的分隔符，所以中文分词是一个很重要的、传统的自然语言处理研究课题。

在自然语言处理中，由于合成词和命名实体（如人名、地名、组织结构名）等复杂的词汇形式的存在，无论是中文还是英文，词汇量都可以看作无穷多。而语言模型通常使用有限大小的词表进行训练和预测，这就会面临一个未登录词（Out-of-Vocabulary，OOV）的问题。未登录词指的是在语言模型的训练数据中未出现过的词。当语言模型遇到未登录词时，它无法对其进行处理，从而影响了模型的准确性和鲁棒性。为了应对未登录词的问题，一个常见的解决方案是将子词单元（Sub-Word Unit）作为基本单位进行语言的建模，从而把未登录词分解成几个子词单元的序列进行处理。而中文中有着天然的子词单元，那就是字。于是许多中文语言模型采用字为基础单元进行建模。而现实总是比理论来得复杂，

一种更实际的情况是，语言模型的词表中既包含了字，也包含了常见的词，甚至还会包含一些不是词，但是会经常一起出现的字的组合，例如"是一""我是"，等等。所以，ChatGPT 的基本处理单元既不是字，也不是词，还是叫 Token 更严谨。

在中文中 Token 通常被翻译为"标记"、"记号"或"令牌"。仅从个人喜好出发，笔者非常不喜欢这样的翻译。这是因为它们并不能很好地体现出 Token 与语言之间的关系。在自然语言领域，有些人将 Token 翻译为"符号""词条""词元""单词片段""文本片段"等。这些翻译虽然能够体现其在语言学中的含义，但它们又大多具备更丰富的词义，因此无法提供准确的表达。因此，在必须要进行严谨表达的地方，笔者更倾向于使用英文术语"Token"。在自然语言处理领域，由于技术术语的特殊性和专业性，英文术语通常更准确，因此使用英文术语会更恰当。为了保证文本通顺和可读性，在确定不会有歧义的情况下也会用"字"、"词"或"符号"表达相同的含义。无论使用哪种翻译或术语，关键是要准确地表达 Token 在自然语言处理中所代表的特殊概念。

3.2　语言模型的发展历程

语言模型作为自然语言处理领域中的核心问题之一，经历了漫长而曲折的发展历程。本节将带领读者回顾语言模型的发展历程，从最早的马尔可夫、香农、乔姆斯基等先驱们的工作开始，梳理语言模型发展的脉络，一路追溯到 21 世纪的神经语言模型。通过回顾语言模型的发展历程，我们可以更好地理解语言模型的基本原理，以及它们背后的思想和方法。

3.2.1　20 世纪 50 年代之前：雏形初现

马尔可夫被认为是第一位研究语言模型的科学家，尽管当时"语言模型"一词尚不存在。1906 年，马尔可夫提出了马尔可夫链，这个模型中只有有限多个状态，状态之间以一定的概率进行转换。马尔可夫证明了，如果状态转移概率确定不变，那么访问这些状态的概率将收敛到一个可计算得到的数学期望值。为了给这个模型一个形象的例子，1913 年，马尔可夫使用普希金的诗体小说《叶甫盖尼·奥涅金》构建了一个马尔科夫模型。他去掉文本中的空格和标点符号，将小说的前 20 000 个俄语字母分为元音和辅音，从而得到小说中的元音和辅音序列。然后，他用纸和笔计算出元音和辅音之间的转移概率。马尔可夫的这个研究塑造了世界上第一个语言模型。

1948 年，香农发表了一篇开创性的论文《通信的数学理论》，开辟了信息论这一研究领域。在这篇论文中，香农引入了熵和交叉熵的概念。熵表示一个概率分布的不确定性，交叉熵则表示一个概率分布相对于另一个概率分布的不确定性。熵是交叉熵的下限。对于任何一个语言，熵是一个常数值，可以通过统计该语言符号所负荷的信息量的平均值得到。如果一种语言模型比另一种语言模型更能准确地预测单词序列，那么它应该具有更低的交叉熵。因此，香农的工作为语言建模提供了一个评估工具。后世的所有语言模型的训练都是在优化交叉熵，从而使建模的结果与真实的自然语言更接近。

20 世纪 40 至 50 年代，有限自动机理论的出现催生了乔姆斯基语法结构，用于对语言进行符号化的表示。有限自动机起源于 20 世纪 50 年代，起初是 1936 年出现的图灵机的衍生物。图灵机被许多人认为是现代计算机科学的基础。1943 年还催生了McCulloch-Pitts 神经元，这是一种对生物神经元的简化模型，是后世神经网络研究的基础。乔姆斯基在 1956 年首先将有限状态机作为表征语法的一种方式，并将有限状态语言定义为能够由有限状态语法生成的语言。之后，他又对此理论进行了扩展，提出了上下文无关文法。理论上，所有的自然语言都可以通过上下文无关文法进行建模，这一简洁而优美的模型奠定了形式语言理论在之后几十年中的主流地位，直到 21 世纪才被以深度神经网络为基础的神经语言模型所取代。

3.2.2　20 世纪的后五十年：由兴到衰

1956 年，John McCarthy、Marvin Minsky、Claude Shannon 等来自麻省理工学院、IBM、兰德公司和其他机构的计算机科学家在美国新罕布什尔州的达特茅斯学院进行了一次为期两个月的研讨会。在这次的研讨会上，"人工智能（Artificial Intelligence，AI）"这一术语被第一次正式地提出，从而开创了这一必将给世界带来巨大改变的学科。这些科学家们共同讨论了许多问题，包括人工智能的定义、如何用计算机模拟人类思维、如何让机器从数据中学习知识等。当时的自然语言处理研究主要采用符号主义（Symbolism）或逻辑主义（Logicism）的方法，即基于规则或逻辑来表示和推理知识。符号主义认为知识可以用符号系统表示，并通过符号操作实现推理；逻辑主义则认为知识可以用数理逻辑来表示，并通过定理证明来实现推理。

语言作为人类所独有的智慧产物，从一开始就是人工智能研究的重要方向之一。而机器翻译作为最具使用价值的人工智能任务，得到了最多的关注。韦弗（Warren Weaver）于 1961 年提出了机器翻译中的转换方法，即将源语言转换成中间表示，再转换成目标语言。这种方法后来被广泛应用于基于规则或基于知识的机器翻译系统中。

好景不长，1966 年，美国政府发布了《ALPAC 报告》，该报告对当时的机器翻译技术进行了长达两年的调查评估，得出了悲观结论：机器翻译进展缓慢，质量低劣，成本高昂，且看不到未来。该报告刺破了第一次人工智能泡沫，并导致美国政府大幅削减对人工智能项目的资助。当时有个非常著名的翻译例子，"The spirit is willing, but the flesh is weak" 本意是心有余而力不足，但是当这句话被翻译成俄文，再翻译回英语时，则变成 "The vodka is good, but the meat is rotten"，和原文的意思完全对不上。

之后，自然语言处理的研究仍在艰难地继续，特别是计算机运行速度的提升和内存存储量的提高使语言处理技术的若干细分领域得到了商业应用。例如，在语音识别、拼写和语法检查等领域，涌现出了一批成功的商业公司。但是在面对如机器翻译、自动问答和文本写作等复杂任务时，当时的模型始终无能为力，直到 2001 年神经语言模型的出现。

3.2.3 21 世纪：新时代

2003 年，Yoshua Bengio 和他的合著者提出了最早的神经语言模型，开创了语言建模的新时代[12]。Bengio 等人提出的神经语言模型对传统的基于 n-gram 的概率语言模型进行了改进。其核心是被称为词嵌入（Word Embedding）的用一个低维的向量表示单词或词组的方法，如图 3-1 所示。传统的词表示方法是独热向量，即通过词汇表大小的向量表示文本中的词，其中只有对应于该词的项是 1，其他所有项都是 0，所以是一个稀疏向量。词嵌入作为一种低维的稠密向量，可以比高维而又稀疏的独热向量更有效地表示一个词，具有非常良好的泛化能力、鲁棒性和可扩展性。神经语言模型是由神经网络通过自监督的方法迭代计算得到的，这大大减小了语言模型建模的计算量。

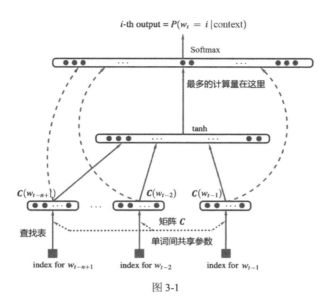

图 3-1

在 Bengio 等人的工作之后，词嵌入方法和神经语言建模方法经历了快速的发展。其中，图 3-2 所示的 Word2Vec 是最具代表性的词嵌入方法之一，它由谷歌的 Tomas Mikolov 等人于 2013 年开发[13]。Word2Vec 考虑了单词之间的上下文关系，利用神经网络进行训练。Word2Vec 模型可以分为两种：Skip-gram 模型和 CBOW 模型。Skip-gram 模型将目标单词作为输入，预测周围的上下文单词。而 CBOW 模型则相反，将上下文单词作为输入，预测目标单词。这两种模型都使用了浅层神经网络，包括一个嵌入层和一个 Softmax 层，用来计算每个单词在上下文中出现的概率。

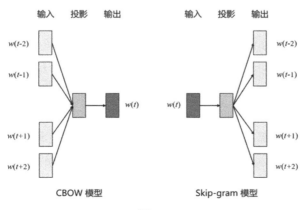

图 3-2

　　将词转换成低维稠密向量后，使得用一个神经网络计算一个连续的词序列（句子和文档）的语义成为可能。当时，最具代表性的神经网络模型是循环神经网络（Recurrent Neural Network，RNN），以及它的后续变种如长短时记忆网络（Long Short-Term Memory networks，LSTM）、门控循环单元（Gated Recurrent Unit，GRU）等[14]，如图 3-3 所示。RNN 在处理序列数据时，会保存一个内部状态，用来把前面的信息传递到后面。这种内部状态形成了一种记忆机制，可以帮助 RNN 处理序列数据中的上下文信息。与传统的词袋模型相比，RNN 可以更好地处理上下文信息，因此在语义建模和自然语言处理任务中表现得更好。LSTM 和 GRU 是 RNN 的变种，旨在解决 RNN 中的梯度消失和梯度爆炸问题。LSTM 通过引入门控机制来控制神经网络中信息的传递，从而实现记忆的保持，可以有效地解决长序列问题和长期依赖问题。GRU 通过减少门的数量来简化 LSTM，并在保持性能的同时减少了参数数量。

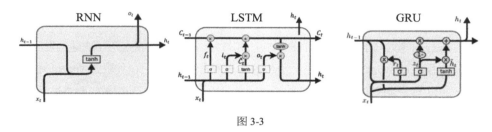

图 3-3

　　在这之后的一个重要改进是注意力机制（Attention Mechanism）[15]。在当时的神经机器翻译模型中，输入的整个序列会被 RNN 编码，形成一个固定长度的向量，再用另一个 RNN 解码，形成目标语言序列。这种模型叫作序列到序列（Sequence to Sequence，Seq2Seq）模型，也被称为编码器-解码器（Encoder-Decoder）架构。然而，这种做法存在一个严重的问题：由于中间向量的容量有限，在处理长序列或变长序列时，模型很难记住所有的信息，从而导致信息丢失和性能下降。注意力机制的核心思想是，给定一个查询向量和一组键值对，计算查询向量与每个键的相似度，然后将相似度转化为权重，并根据这些权重对每个值进行加权平均，得到一个加权和作为输出。在机器翻译任务中，输入序列被视为键、值和查询向量则是编码器的隐藏状态和解码器的上一个输出，这种方式可以实现将注意力集中在与输出相关的输入部分上。通过注意力机制和 Seq2Seq 模型的结合，神经机器翻译初步展现出惊人的能力，取得了显著的效果提升。但这还未挖掘出注意力机制的全部潜能，直到 2017 年 Transformer 模型的出现。

2017 年，谷歌发表了一篇名为 "Attention Is All You Need" 的论文[3]。直译成中文就是《只用注意力机制就够啦》。在这篇论文中，谷歌提出了名为 Transformer 的全新网络模型，如图 3-4 所示。该模型的核心思想是使用自注意力机制（Self-Attention Mechanism）来捕捉序列中的长距离依赖关系，从而使得模型能够更好地处理长序列数据。与传统的 RNN 或 LSTM 不同，Transformer 模型不需要序列中的信息按照时间顺序依次传递，而是通过堆叠的一系列自注意力层来同时处理整个序列，使得训练速度更快，效果更好。同时，这也使得近乎无限制地加大模型的规模成为可能。

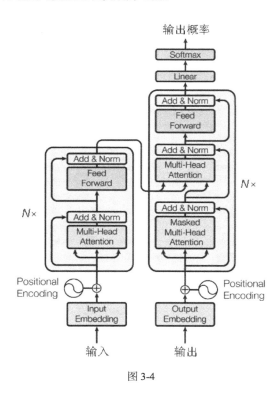

图 3-4

最初的 Transformer 模型也是编码器-解码器结构，后来人们发现仅使用 Transformer 模型的编码器或解码器同样适用于很多自然语言处理任务。鼎鼎大名的 BERT 模型就是一个只有编码器的 Transformer 模型，而 ChatGPT 则是一个只有解码器的 Transformer 模型。鉴于 Transformer 模型如此重要，3.3 节将对它做更详细的介绍。

语言模型的最后一个重大技术革新是预训练（Pre-training）。预训练技术利用大量未标注数据进行先期训练，从而生成一个具有丰富语义表示的模型。然后，在特定任务中，使用少量的标注数据来微调它，使其更适应特定任务的要求。预训练技术的出现是为了解决机器学习中"数据稀缺"的问题，以及减少对标注数据的依赖，从而提高模型的泛化能力。

追根溯源，预训练技术的出现比 Transformer 模型的提出还要早。谷歌公司于 2015 年发表的论文"Semi-supervised Sequence Learning"[16]中就提出了预训练的思想。但是，预训练技术和 Transformer 模型的结合才能真正将它们的潜力充分发挥出来。在强大的计算基础设施的支持下，研究人员能够使用海量数据训练拥有巨大参数量的 Transformer 模型，从而在各种自然语言处理任务中取得惊人的效果，如图 3-5 所示。

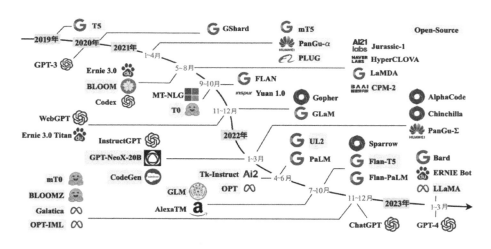

图 3-5

近年来，预训练技术在自然语言处理领域得到了广泛应用，如 BERT、GPT、T5 等模型都是基于预训练技术构建的 Transformer 模型。可以说，预训练模型的发展推动了近年来自然语言处理技术乃至人工智能技术的发展。这些模型不仅在各种任务中表现出色，还为该领域的研究人员提供了一种全新的思路和方法，使人们更深入地理解自然语言的本质，提高了该领域的研究水平。

3.3 Transformer 模型的结构和原理

本节将从注意力机制的原理和实现方式讲起，逐步引入一些改进技术，如自注意力机制、位置编码、交叉注意力机制和多头注意力机制等，最终构建一个完整的 Transformer 模型。为了让读者更好地理解，笔者将尽可能不使用专业术语，多讲技术原理。但为了表达的准确性，笔者仍然会使用一些形式化语言。

3.3.1 注意力机制

为了解决序列到序列模型记忆长序列能力不足的问题，一个非常直观的想法是，当要生成一个目标语言单词时，不光考虑前一个时刻的状态和已经生成的单词，还考虑当前要生成的单词和源语言句子中的哪些单词更相关，即更关注源语言的哪些词，这种做法就叫作注意力机制。注意力权重的计算公式为

$$\hat{\alpha}_s = \text{attn}\,(\boldsymbol{h}_s, \boldsymbol{h}_{t-1})$$
$$\alpha_s = \text{Softmax}\,(\hat{\boldsymbol{\alpha}})_s$$

式中，$\boldsymbol{h}_s$ 表示源序列中 s 时刻的状态；$\boldsymbol{h}_{t-1}$ 表示目标序列中前一个时刻的状态；attn 是注意力计算公式，即通过两个输入状态的向量，计算一个源序列 s 时刻的注意力分数 $\hat{\alpha}_s$。有很多种不同的实现 attn 计算的方式，从最简单的点积到各种复杂的变换。考虑到本书的定位，这里不做展开，总之就是一个能够计算得到具体数值的公式。$\hat{\boldsymbol{\alpha}} = [\hat{\alpha}_1, \hat{\alpha}_2, \cdots, \hat{\alpha}_L]$ 是对不同的输入单词的注意力组成的向量，其中 L 为输入单词序列的长度。最后对整个源序列每个时刻的注意力分数使用 Softmax 函数进行归一化，获得最终的注意力权重 α_s。

在图 3-6 所示的英法机器翻译示例中，模型在生成第一个法语单词的时候，计算发现和源语言句子中的"I"关系最大，因此将源语言句子中"I"对应的状态乘以一个较大的权重，示例中是 0.5，而其余词的权重则较小，最终将源语言句子中每个单词对应的状态加权求和，并用作新状态更新的一个额外输入。通过引入注意力机制，使得基于循环神经网络的序列到序列模型的准确率有了大幅度的提高。

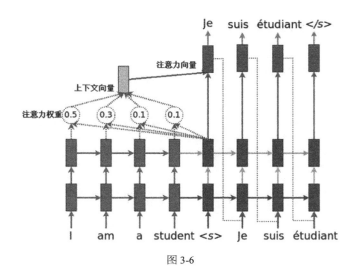

图 3-6

3.3.2 自注意力机制

自注意力机制受到注意力机制的启发，用于表示序列中某一时刻状态与其他时刻状态之间的相关性。换句话说，通过观察序列中的其他元素来理解当前元素的含义。

具体地，假设输入为 n 个向量组成的序列 $\boldsymbol{x}_1, \boldsymbol{x}_2, \cdots, \boldsymbol{x}_n$，输出为每个向量对应的新的向量表示 $\boldsymbol{x}'_1, \boldsymbol{x}'_2, \cdots, \boldsymbol{x}'_n$，其中所有向量的大小均为 d。那么，$\boldsymbol{x}'_i$ 的计算公式为

$$\boldsymbol{x}'_i = \sum_{j=1}^{n} \alpha_{ij} \boldsymbol{x}_j$$

在这个公式中，j 表示整个序列的索引值，α_{ij} 是 $\boldsymbol{x}_i$ 与 $\boldsymbol{x}_j$ 之间的注意力值，也称为权重。直观地说，$\boldsymbol{x}_i$ 与 $\boldsymbol{x}_j$ 越相关，它们计算的注意力值就越大，那么 $\boldsymbol{x}_j$ 与 $\boldsymbol{x}_i$ 对应的新的向量表示 $\boldsymbol{x}'_i$ 的贡献就越大。

自注意力机制能够直接计算两个距离较远的时刻之间的关系，解决了循环神经网络在处理长距离依赖时可能出现的信息损失问题。尽管门控机制模型（如 LSTM）可以部分解决长距离依赖问题，但并未从根本上解决。因此，基于自注意力机制的模型已逐步取代循环神经网络，成为自然语言处理领域的标准模型。

3.3.3 位置信息

位置信息对于序列表示非常重要。在原始的自注意力模型中，输入向量的位置信息并没有被考虑，这使得模型类似于词袋模型。也就是说，只要两个句子包含相同的词，即使它们的顺序不同，它们的表示也会是一样的。为了解决这个问题，需要为每个输入向量添加独特的位置信息。有两种方法可以实现这一目标：位置嵌入（Positional Embedding）和位置编码（Positional Encoding）。

位置嵌入的方法与词嵌入类似，即为序列中每个具体位置分配一个连续的、低维的、稠密的向量表示。而位置编码则是通过函数直接将一个整数映射到一个低维向量上。常见的位置编码函数是正弦函数，公式如下：

$$
\text{PosEnc}\,(p, i) = \begin{cases} \sin\left(\dfrac{p}{10000^{\frac{i}{d}}}\right), & \text{如果} i \text{是偶数} \\[3mm] \cos\left(\dfrac{p}{10000^{\frac{i-1}{d}}}\right), & \text{其他} \end{cases}
$$

无论采用位置嵌入还是位置编码，当得到位置对应的向量后，将其与该位置的词向量相加，得到表示该位置的输入向量。这样一来，即使词向量相同，因为它们所处的位置不同，最终的向量表示也会有所区别。这样就解决了原始自注意力模型无法对序列进行建模的问题。

在 Transformer 模型中，位置信息起到了关键作用，帮助模型更好地理解和处理自然语言序列。通过引入位置信息，可以确保模型对于不同位置上的词汇具有区分性，从而使其在自然语言处理任务中表现得更出色。

3.3.4 缩放点乘注意力

在原始的自注意力模型中，计算注意力时使用的是两个相同的输入向量，并且利用得到的注意力权重对这个输入向量进行加权。这意味着一个输入向量同时扮演了查询（Query）、键（Key）和值（Value）三个角色。然而，更好的做法是为这三个不同的角色使用不同的向量表示。

为了实现这一目标，可以对原始输入向量进行线性变换，并使用不同的参数矩阵得到查询、键和值对应的向量。具体来说，通过分别使用三个不同的参数矩阵将输入向量 x

映射为三个新的向量 q、k 和 v，分别表示查询、键和值对应的向量。新的输出向量计算公式如下：

$$y_i = \sum_{j=1}^{n} \alpha_{ij} v_j$$
$$\alpha_{ij} = \text{Softmax}\,(\hat{\alpha}_i)_j$$
$$\hat{\alpha}_{ij} = \text{attn}\,(q_i, k_j)$$

在这种情况下，先将输入向量 x 分别变换为查询向量 q、键向量 k 和值向量 v。然后，通过计算查询向量和键向量之间的关系得到注意力权重，并将这些权重应用于值向量。这样就可以在自注意力机制中区分查询、键和值的角色，从而实现更丰富的表示和更强大的模型。

这种将输入向量分别映射为查询、键和值向量的方法被称为缩放点乘注意力（Scaled Dot-product Attention），是 Transformer 模型的核心思想之一，它为处理序列数据带来了很多优势。通过区分这三种角色，模型可以更好地捕捉序列中元素之间的关系，从而提高自然语言处理任务的性能。

3.3.5 多头自注意力

多头自注意力是一种用于解决自注意力机制中的互斥问题的方法。互斥问题是指，在自注意力机制中，一个输入与多个其他输入相关时，很难同时为这些输入分配较大的注意力值。多头自注意力通过使用多组自注意力模型产生多组不同的注意力结果，从而增强模型的表达能力。

要实现多头自注意力，可以设置多组映射矩阵，然后将产生的多个输出向量拼接在一起。为了将输出结果用作下一层的输入，需要将拼接后的输出向量通过一个线性映射，使其回到输入的维度。

从另一个角度来看，多头自注意力机制可以被理解为多个不同的自注意力模型的集成（Ensemble），有助于提高模型的效果。类似于卷积神经网络中的多个卷积核，也可以将不同的注意力头视为提取不同类型特征的手段。

在 Transformer 模型中，多头自注意力机制有助于捕捉序列中各种不同层次的信息，从而使模型在自然语言处理任务中表现得更出色。

3.3.6　多层自注意力

多层自注意力模型有助于捕捉输入序列中更高阶的关系。在实际应用中，需要考虑输入序列单元之间的复杂关系。然而，直接建模高阶关系会导致模型复杂度过高。为解决这个问题，可以通过堆叠多个自注意力层实现，类似于图模型中的消息传播机制。

需要注意，由于每层注意力模型的变换都是线性的，因此在直接堆叠了多个注意力层后，模型仍然是线性的。为了增强模型的表示能力，通常会在每层自注意力计算之后增加一个非线性的多层感知器（Multi-layer Perceptron，MLP）模型。

从某种角度看，自注意力模型被视为特征抽取器，而多层感知器则是最终的分类器。为了使模型更容易学习，还可以应用深度学习的训练技巧，如层归一化（Layer Normalization）和残差连接（Residual Connections）等。

在 Transformer 模型中，多层自注意力结构有助于捕捉输入序列中更多层次的信息，从而进一步提高模型在自然语言处理任务中的性能。通过使用多层自注意力和深度学习训练技巧，可以构建更强大、更健壮的模型。

3.3.7　交叉注意力

虽然使用以上模型已经可以很好地对一个序列进行编码，但是在机器翻译和问答系统这样的自然语言处理任务中，往往需要处理两个不同的序列（例如源语言句子和目标语言句子）。与循环神经网络类似，Transformer 模型也需要实现解码功能，将编码器和解码器结合，实现一个序列到序列的模型，才能完成机器翻译等自然语言处理任务。

交叉注意力（Cross-attention）就是这样一种注意力机制。具体来说，交叉注意力和自注意力类似，但它有两个输入序列：一个称为"查询"（Query）序列，另一个称为"键-值"（Key-Value）序列。在计算注意力权重时，根据查询序列中的每个元素与键-值序列中的每个元素之间的相似性来确定它们之间的关系。然后将这些权重应用于键-值序列中的"值"部分，以生成输出序列。这样，输出序列就包含了来自键-值序列的信息，并根据查询序列进行加权。

在 Transformer 模型中，交叉注意力机制用于编码器和解码器之间的信息传递。编码器处理源语言句子并生成键-值序列，解码器处理目标语言句子并生成查询序列。通过交叉注意力，解码器可以更好地理解源语言句子中的内容，并根据上下文生成合适的目标语言输出。

3.3.8　完整的 Transformer 模型

将前面提到的各种技术整合在一起，就得到了一个完整的 Transformer 模型。它包含以下几个关键组成部分。

- 自注意力机制：用于捕捉输入序列中各个元素之间的相关性。
- 位置信息：通过引入位置编码或位置嵌入来考虑序列中元素的顺序。
- 缩放点积注意力：用于计算注意力权重，分别表示查询、键和值。
- 多头自注意力：通过多组自注意力模型产生多组不同的注意力结果，增强模型的表达能力。
- 多层自注意力：通过堆叠多层自注意力模型和非线性的多层感知器实现更高阶的关系建模。
- 交叉注意力：用于捕捉两个不同序列（如源语言和目标语言）之间的关系。

一个完整的 Transformer 模型由编码器和解码器两部分组成。

编码器：由多层自注意力模块和全连接层组成，用于处理输入序列。每层都包含多头自注意力和全连接层，以及残差连接和层归一化。

解码器：由多层自注意力模块、交叉注意力模块和全连接层组成，用于生成目标序列。每层包含自注意力模块，然后是交叉注意力模块，最后是全连接层，同时包含残差连接和层归一化。

在 Transformer 模型中，先将输入序列传递给编码器，编码器生成一个表示源语言句子的键-值序列。然后，解码器接收目标语言句子的输入，并生成一个查询序列。通过交叉注意力机制，解码器可以捕捉到源语言句子的信息，并根据上下文生成合适的目标语言输出。

完整的 Transformer 模型如图 3-7 所示，它将自注意力机制、位置信息、缩放点积注意力、多头注意力（多头自注意力和交叉注意力）、多层自注意力等技术结合，形成了如今最强大的自然语言处理神经网络结构。

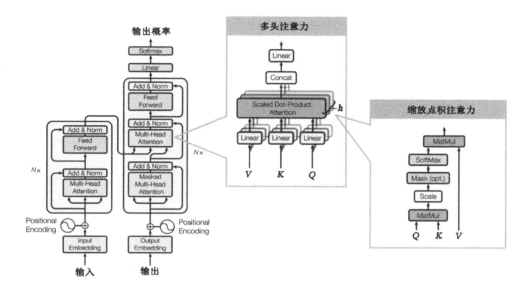

图 3-7

3.4　语言模型的训练

无论是采用马尔可夫模型、循环神经网络还是 Transformer 模型构建语言模型，本质上都是在构建一个非常复杂且包含大量参数的数学公式。其中，参数的具体取值决定了这个语言模型描述的是一个什么样的语言。以简单的线性方程式 $ax+by=c$ 为例，它可以描述平面上的直线，如图 3-8 所示。当参数 a、b 和 c 取不同的值时，这个线性方程式能表示不同的直线。例如，当 $a=1$, $b=-1$, $c=3$ 时，它对应的是图中的实线；当 $a=2$, $b=3$, $c=9$ 时，它对应的是图中的虚线。

同样地，也可以调整用于构建语言模型的复杂数学公式的参数，以适应不同的语言任务和场景。然而，这个公式过于复杂，人工逐个设置参数的取值显然是不现实的。因此，科学家们想到了一种方法——让模型从大量数据中学习这些参数的取值，这就是所谓的机器学习。模型从大量数据中学习的过程被称为模型的训练。接下来，介绍两种最重要的模型训练方式：GPT-1 至 GPT-3 采用的自回归训练，以及 ChatGPT 采用的基于人工反馈的强化学习。

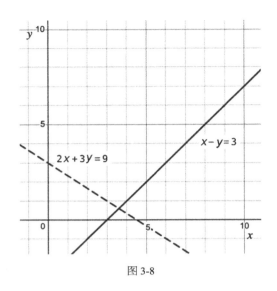

图 3-8

3.4.1 自回归训练

语言模型是一种复杂的数学公式,其作用是计算给定符号序列在自然语言中出现的概率。该概率是通过将每个符号在其上下文中的概率相乘得到的。因此,语言模型的任务是估算各个符号在特定上下文中的概率。在这里,"上下文"是英文单词"Context"的中文翻译,意指用于理解和评估某物的背景或环境。

在语言学中,计算某个符号的概率可以同时基于其上文和下文,即字面意义上的上下文。这种计算方法构建的语言模型被称为自编码语言模型。BERT 是最著名的自编码语言模型[17]。在自然语言处理领域,其知名度甚至超过了 GPT。然而,本书并不讨论有关 BERT 的详细内容,感兴趣的读者可自行深入研究。

另一种计算符号概率的方法是仅基于上文而不考虑下文。这种计算方法构建的语言模型被称为自回归语言模型。GPT 便是典型的自回归语言模型。从大量文本语料中学习自回归语言模型参数的过程被称为自回归训练。一般而言,在自然语言理解任务中,如文本分类和阅读理解,相同参数规模的自编码语言模型表现出的性能要优于自回归语言模型。自回归语言模型的优势在于其自回归建模方式天然适合自然语言生成任务,如对话。BERT 和 GPT 的对比如图 3-9 所示。

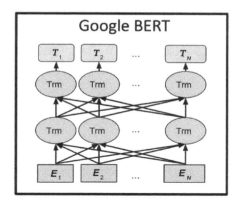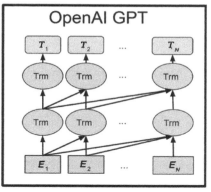

图 3-9

具体来说，自回归训练的目标是优化给定文本序列 $x = x_1, x_2, \cdots, x_n$ 的最大似然估计 $\mathcal{L}^{\mathrm{PT}}$。

$$\mathcal{L}^{\mathrm{PT}}(x) = \sum_i \log P(x_i \mid x_{i-k}, \cdots, x_{i-1}; \boldsymbol{\theta})$$

这是一个似然函数（Likelihood Function），表示观测数据在某组参数下出现的概率。在上面这个公式中，$\boldsymbol{\theta}$ 表示神经网络模型的参数，GPT-3.5 拥有 1 750 亿个参数，这些参数被简化表示为 $\boldsymbol{\theta}$。这意味着 $\boldsymbol{\theta}$ 实际上是一个高维矢量。k 表示语言模型的窗口大小，即基于 k 个历史词 $x_{i-k}, \cdots, x_{i-1}$ 预测当前时刻的词 x_i。之前提到的 GPT-3.5 的上下文长度为 4 096 个 Token，GPT-4 的上下文长度约为 32 768 个 Token（相关信息见"链接 8"）。这个上下文长度就是对应的这个模型训练的超参数 k。显然，k 值越大，该公式越复杂，计算起来也就越困难。

接下来的问题是如何优化这个公式。所谓的"优化一个最大似然估计"是指在训练过程中，寻找一组模型参数（本例中是 $\boldsymbol{\theta}$），使得在给定的训练数据集下，模型对观测数据的预测概率最大。换句话说，就是要找到一组参数，使得模型产生的预测结果与实际观测数据尽可能接近。在自回归训练中，优化最大似然估计意味着调整模型参数 $\boldsymbol{\theta}$，使得给定训练文本序列时，预测下一个词的概率最大。通过不断调整参数，模型逐渐学会在给定上下文的情况下生成更接近实际数据的预测结果。这种优化过程通常通过梯度下降法来实现。

梯度下降（Gradient Descent）是一种非常常用的参数优化方法。梯度即以向量的形式写出的对多元函数各个参数求得的偏导数。如函数 $f(x_1, x_2, \cdots, x_n)$ 对各个参数求偏导，则梯度向量为 $\left[\frac{\partial f}{\partial x_1}, \frac{\partial f}{\partial x_2}, \cdots, \frac{\partial f}{\partial x_n}\right]^{\top}$。梯度的物理意义是函数值增加最快的方向，或者说，沿着梯度的方向更容易找到函数的极大值；反过来说，沿着梯度相反的方向，更容易找到函数的极小值。正是利用了梯度的这一性质，对神经网络模型进行训练时，可以通过梯度下降法一步步地迭代优化一个事先定义的损失函数，即得到较小的损失函数，并获得对应的模型参数值。具体步骤如下。

第 1 步，初始化：选择一个初始参数值（$\boldsymbol{\theta}$），可以是随机生成的或者是一个预设值。设定学习率（α），学习率是一个正数，用于控制参数更新的步长。

第 2 步，计算梯度：计算目标函数关于当前参数的梯度。梯度是一个向量，表示目标函数在当前参数点的变化率，可以通过求导计算得到。

第 3 步，更新参数：将当前参数值沿着负梯度方向更新。更新公式为

$$\boldsymbol{\theta} = \boldsymbol{\theta} - \alpha \nabla(\boldsymbol{\theta})$$

其中，α 是学习率，$\nabla(\boldsymbol{\theta})$ 是目标函数关于参数 $\boldsymbol{\theta}$ 的梯度。

第 4 步，收敛检测：检查目标函数的值是否已收敛到一个稳定值，或者梯度是否接近零。如果满足收敛条件，则算法停止；否则，返回第 2 步，继续迭代。

在使用梯度下降法优化模型时，有多种方法可供选择。一种方法是批量梯度下降（Batch Gradient Descent），它在每次迭代中使用整个训练数据集计算梯度。这种方法的优点是梯度计算准确，缺点是计算开销大，不适用于大规模数据集。另一种方法是随机梯度下降（Stochastic Gradient Descent，SGD），它在每次迭代中仅随机选择一个样本计算梯度。SGD 的优点是计算速度快，缺点是梯度计算可能不够准确，收敛速度可能较慢。因此，更常用的做法是小批量梯度下降（Mini-batch Gradient Descent），它在每次迭代中使用一小部分训练样本计算梯度。这种方法兼具批量梯度下降和随机梯度下降的优点，既能较快地收敛，又能处理大规模数据集。

GPT 模型训练时还采用了其他技术以提高优化效率和性能，如动量（Momentum）、自适应学习率（Adaptive Learning Rate）、梯度裁剪（Gradient Clipping）和权重衰减（Weight Decay）等。在此，不对这些技术进行详细讨论，而是留给感兴趣的读者进一步探索。

3.4.2　基于人工反馈的强化学习

经过上述讨论，我们了解到自回归语言模型的工作原理是通过对输入的文本片段进行分析和建模，然后逐个字符地生成后续文本。虽然自回归语言模型的主要功能是文本续写，但作为一种特殊的自回归语言模型，ChatGPT 展现出了丰富的多样化功能，如对话、问答、翻译和编程等。这些多样化的能力可以归功于基于人工反馈的强化学习（Reinforcement Learning from Human Feedback，RLHF）。

在自回归模型的训练中，我们并没有显式地引入人类的偏好和主观意见，这意味着模型所生成的文本可能只符合语言规则本身，并不完全符合人们对它的期望。因此，研究人员考虑用强化学习来训练语言模型。但这也带来了一个新的问题：强化学习需要一个明确的好-坏的判断标准，而人们对模型生成结果的评估是完全主观的，难以用现有的基于规则的文本生成指标（如 BLEU 或 ROUGE）来衡量，尤其是在需要创造力、真实性或可执行性的情况下。

那么，使用人工反馈来评估生成文本的好-坏，并将其作为损失函数来优化模型，这样不就可以了吗？这正是 RLHF 的核心思想：使用强化学习的方式，直接优化带有人工反馈的语言模型。笔者让 ChatGPT 用更简单、更直白的语言解释了什么是 RLHF，如图 3-10 所示。通过 RLHF 技术，能够训练出优秀的语言模型，从而更好地满足人们日益多样化的需求，更符合人类复杂的价值观。

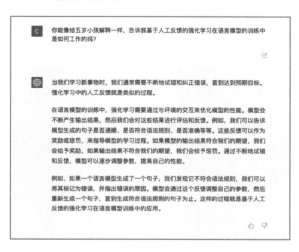

图 3-10

在 OpenAI 给出的 ChatGPT 工作原理的介绍文档中，将 RLHF 分成了如下 3 个步骤，如图 3-11 所示。

第 1 步，收集示范数据，用有监督的方式训练语言模型。

第 2 步，收集偏好数据，训练一个奖励模型。

第 3 步，使用 PPO 强化学习算法，根据奖励模型优化语言模型。

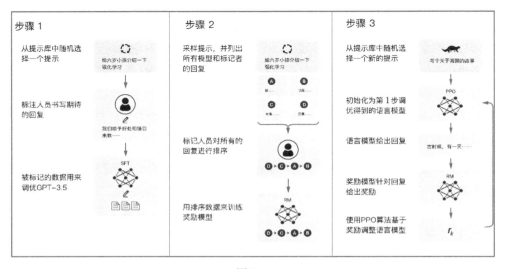

图 3-11

1. 收集示范数据，用有监督的方式训练模型

首先，需要一个基础的语言模型，ChatGPT 使用的是 GPT-3.5。后续的工作都是在对这个基础语言模型进行进一步优化。这也是称 GPT-3.5 为 ChatGPT 的基座模型的原因。

接着，使用额外的文本语料对这个基座模型进行微调。在 ChatGPT 的实现中，这些额外的文本语料是由 OpenAI 聘请的标注人员编写的提示指令及对应的回答。标注人员编写了以下 3 类提示指令。

（1）普通提示：普通提示是一种简单的任务提示，可以是标注人员提出的一个任意任务，同时确保任务具有足够的多样性。这种类型的提示主要是为了让模型学会处理各种不同任务，提高其适应能力和泛化性。

（2）小样本提示：这种提示要求标注人员为一个提示指令提供多个问-答对。例如情感分类任务，标注人员为 k 个不同的句子标注正面或者负面的情感，然后把它们组合在一起作为一条提示语料。这种类型的提示旨在帮助模型提升情景学习的能力，也就是学习如何根据上下文中有限的示例来学习和完成更广泛的任务。

（3）基于用户的提示：这种提示是根据 OpenAI API 的等待名单申请中收到的真实用户使用场景来创建的。标注人员会根据这些使用场景提出相应的提示指令。这种类型的提示旨在让模型更好地了解人们的需求，从而在实际应用中更有效地为人们提供帮助。

标注人员根据这些提示生成相应的回答或完成相应的任务。这些回答会作为示范数据。示范数据被收集起来后，模型将使用这些输入-输出对进行有监督训练。这意味着模型会学习如何针对给定的任务生成类似于标注人员所提供的正确回答。这个过程使得 ChatGPT 能够更好地适应各种不同的任务和环境，从而提高其性能。

2. 收集偏好数据，训练一个奖励模型

奖励模型是一个为评估生成回答质量而专门训练的机器学习模型。它的目标是学会根据人类评估者的偏好为不同的回答分配适当的奖励值。奖励模型起到了一个关键作用，即在下一步的强化学习过程中为生成的回答提供反馈，以便指导模型优化生成策略。

在 ChatGPT 的训练中，先使用在示范数据上训练得到的初始模型对给定的任务提示生成多个不同的候选回答。这些回答可能有所不同，因为模型在生成过程中可能采用不同的参数设置或随机性。例如，通过调整温度参数（Temperature），可以控制模型生成回答的多样性。接着，收集所有生成的回答，形成一个候选回答集合。

然后，请标注人员对这些候选回答进行排序，以明确哪个回答更符合给定任务的要求。这些排序数据反映了人类评估者对不同回答的相对偏好，用于创建偏好数据集。这种相对偏好可能包括了准确性、相关性、可读性等各种因素，但是最终只简化为一个偏好排序。虽然这种方式可能导致标注者偏差问题的产生，但好处是有助于模型的训练。

最后，利用收集到的偏好数据训练奖励模型。奖励模型的目标是学会根据人类评估者的偏好为模型生成的回答分配奖励值。这样，就可以量化不同回答的质量，并在后续的强化学习过程中指导模型优化。需要注意的是，通常认为奖励模型要比语言模型大或至少同等规模才能够提供有效的奖励信息。但是，在 OpenAI 的实现中，奖励模型比语言模型小很多，即 GPT-3.5 的参数量是 1 750 亿，而训练奖励模型的参数量只有 60 亿[6]。

3. 使用 PPO 强化学习算法，根据奖励模型优化语言模型

强化学习是一种机器学习方法，旨在让机器智能地从环境中学习，以应对新的环境和任务，做出最优的决策。在强化学习中，智能体通过观察环境状态，采取行动来与环境交互，并根据奖励信号的反馈调整自己的行动，逐渐学习如何获得最大的奖励。战胜李世石和柯洁的 AlphaGo 就是一个著名的强化学习模型。强化学习中有以下几个关键概念。

- 智能体：它是一个可学习的决策制定者，负责观察环境、做出决策和执行动作。在这里，语言模型就是一个智能体。
- 环境：指智能体所处的环境，包括状态、可用的动作及对动作的奖励或惩罚。上一步中训练得到的奖励模型就是语言模型在强化学习时的环境。
- 状态：是环境的简要描述，包括所有对决策有影响的信息。在这里，状态指上下文信息。
- 策略：指智能体在特定状态下采取行动的方式，也就是语言模型面对特定的提示指令和上下文时如何生成文本。
- 动作：智能体根据状态做出的选择，也就是所生成的下一个字符；影响环境的下一个状态，也就是生成后续字符的上下文。
- 奖励：环境（即奖励模型）给予智能体的信号，表明当前动作的好坏，直接影响智能体的策略选择。

强化学习是一种需要智能体在环境中进行反复试探的学习过程，这使得训练时长相对较长。由于语言模型的参数规模庞大、复杂度高，长期以来人们一直认为用强化学习训练语言模型非常困难，甚至不可行。然而，OpenAI 在 2017 年提出的近端策略优化（Proximal Policy Optimization，PPO）算法采用了新的优化的方式，通过剪切函数控制新旧策略之间的差异，提高了训练效率和性能。2020 年，OpenAI 成功地使用 PPO 算法训练了一个完成自动文本摘要这一特定任务的语言模型。以这个工作为雏形，后来逐渐发展出了 InstructGPT 和 ChatGPT 等模型，这些模型一步步推动了强化学习技术在语言模型领域的进步。

PPO 算法确定奖励函数的计算方法如下：首先，将提示指令 x 输入初始语言模型和当前微调的语言模型，分别得到输出文本 y_1 和 y_2；然后，将来自当前策略的文本传递给奖

励模型，得到一个数值化的偏好。接着，计算两个模型生成的文本之间的差异惩罚项，具体实现中采用输出词分布序列之间的 Kullback-Leibler 散度作为惩罚项。该惩罚项的目的是惩罚策略在训练批次中生成偏离初始模型的文本，以确保模型输出的文本合理连贯。不惩罚这些偏离行为，可能会导致模型在优化过程中生成乱码文本以获取高奖励值，从而愚弄奖励模型。此外，OpenAI 还添加了预训练梯度以保证语言模型在生成流畅文本方面的能力不会退化。最后，PPO 算法采用的更新规则是从当前数据批次中最大化奖励指标的 PPO 参数更新。

总之，RLHF 为语言模型的训练和优化提供了一种全新的方法。采用 RLHF 方法，语言模型可以在与奖励模型的不断交互中不断提升能力，从而更好地理解任务和用户需求，提高生成结果的质量和连贯性，以适应各种任务和应用需求。这种方法的实施可以让语言模型更好地服务于人类，为人们提供更好的自然语言处理和交互体验。

3.5 提示工程

除了让语言模型更好地理解提示指令，编写易于理解且能够充分激发语言模型能力的提示也至关重要。这就是提示工程的重要性所在。可以将 RLHF 比作打造一辆超级跑车的过程，而提示工程就好像是精进驾驶技巧，需要用户不断努力掌握。只有通过业界最优秀的公司和最勤奋的用户的共同努力，才能让一辆跑车跑出最快的圈速，让语言模型发挥出最强的能力。作为用户，我们可以通过掌握提示工程，更好地使用 ChatGPT 这一新时代的超级跑车，让其发挥出最佳性能。

3.5.1 提示工程是什么

提示工程（Prompt Engineering）是一种针对预训练语言模型（如 ChatGPT），通过设计、实验和优化输入提示来引导模型生成高质量、准确和有针对性的输出的技术。在自然语言处理领域，随着深度学习技术的不断发展，预训练语言模型（如 BERT、GPT 等）已经取得了显著的进展，大大提高了多种自然语言处理任务的性能。虽然这些模型具有很高的性能，但如何有效地引导这些模型来完成特定的任务仍然是一个具有挑战性的问题。于是便有了提示工程这一新技术。

在自然语言处理中，提示是一种用于引导预训练语言模型解决特定任务的方法。提示通常是一段文本，用于构建问题或任务的表述，以便预训练语言模型根据其内在知识生成合适的答案或输出。假设有一个预训练语言模型，我们希望利用这个模型将摄氏度转换为华氏度，则可以为模型提供一个恰当的提示，引导它进行正确的计算。以下是一个简单的示例。

输入提示（问题）：

将摄氏度转换为华氏度：20 摄氏度等于多少华氏度？

预训练语言模型可能会生成如下回答：

20 摄氏度等于 68 华氏度。

在这个例子中，提示是"将摄氏度转换为华氏度：20 摄氏度等于多少华氏度？"明确地告诉模型需要进行摄氏度到华氏度的转换，并给出了具体的摄氏度值。由于模型在预训练过程中可能已经学到了摄氏度和华氏度之间的转换公式，因此在给定了恰当的提示后，它能够生成正确的答案。

提示工程起源于对预训练模型如何将知识应用于具体任务的探讨。预训练语言模型通常在大规模语料库上进行预训练，从而学习到大量的语言知识。然而，将这些知识应用于具体任务时，往往需要对模型进行微调。微调过程中，模型需要根据标注的任务数据学习任务相关的知识。这种方法在许多情况下取得了很好的效果，但仍然存在一些问题。例如，微调过程可能需要大量的标注数据，而这些数据往往难以获得。此外，微调后的模型可能会过拟合训练数据，导致泛化能力下降。

为了解决这些问题，研究人员开始关注如何通过优化输入和问题表述来引导模型产生更好的输出结果，而无须进行昂贵的微调。这种方法被称为提示工程。通过精心设计提示，研究人员可以引导模型关注输入数据中的关键信息，从而提高模型在各种自然语言处理任务上的性能。提示工程的核心思想是将问题表述为一种容易被模型理解和解答的形式。这可以通过多种方式实现，例如重述问题、给出示例或采用渐进式提示等。提示工程的关键在于找到一种能够充分发挥模型潜力的问题表述方式。

有时，也许各位读者会看到另一个名词：提示学习。它和提示工程关联紧密，但并不是完全相同的概念。提示学习是一种通过构建合适的输入提示来解决特定任务的方法。而提示工程则是一种优化和设计提示的技术，以更好地应用预训练语言模型，提高其在各种任务上的性能。在学术研究中，提示学习被提到得更多一些，因为它关注如何使用预训练语言模型完成新的任务。在工程实践中，提示工程被更多的提及，因为它更关注如何优化和设计提示，使预训练语言模型在任务上的表现达到最优。提示工程可以看作提示学习的一个子领域或实践技巧，它们共同构成了在实际应用中利用预训练语言模型解决问题的关键环节。

3.5.2 设计良好提示的常见技巧

构建恰当的提示对于充分发挥预训练语言模型的潜力及提高实际应用效果至关重要。通过使用合适的提示技巧，可以引导模型更精确地理解任务需求，从而提高模型在特定任务上的性能。探讨提示工程的技巧能够帮助我们更好地与模型互动，提升模型在回答问题、生成文本等方面的准确性。此外，探讨提示工程的技巧有助于在处理复杂任务时，更好地利用模型的强大表达能力，提高任务完成的质量和效率。

以下是一些具体的建议和技巧，以帮助各位读者更好地开展提示工程。

1. 多样化的提示方式

不同的任务可能需要不同类型的引导，一个特定的提示方法可能对某些任务非常有效，而对其他任务不那么有效。为了找到最佳的提示方法，可以尝试多种不同的提示策略，然后评估哪一种策略在特定任务上表现得最好。

例如，假设要让模型对一组句子进行情感分析，可以尝试以下多样化的提示策略。

（1）直接询问：直接问模型句子的情感极性："这句话的情感是积极的还是消极的？"

（2）角色扮演：让模型扮演某个角色，例如一个情感分析专家："作为一名情感分析专家，你认为这句话的情感是积极的还是消极的？"

（3）使用数值：要求模型用具体的数值来表示情感极性："请用 0（完全消极）到 10（完全积极）之间的一个数值得分来评估这句话的情感。"

（4）提供选项：给模型提供一个选项列表，并让其从中选择最符合的答案："下列选项中哪一个最能描述这句话的情感？ A.积极 B.中性 C.消极"。

通过尝试这些多样化的提示策略，可以找到对于情感分析任务最有效的方法。读者可以使用类似的方法为其他任务寻找合适的提示策略，从而提高模型在特定任务上的表现。

2. 明确地描述问题

通过将问题重新表述为更明确、更易于理解的形式，帮助模型更好地理解任务，称为问题重述。问题重述旨在确保模型能够明确把握任务的核心需求，并且按照期望的方式生成输出。在实践中，问题重述有以下几个关键点。

（1）简化问题：尽量将问题简化为最基本的形式，以减少模型在理解问题时可能产生的困扰。可以通过删除不必要的背景信息、专业术语等方式实现。

（2）明确任务：确保问题的描述能够明确地表明模型所需执行的任务。可以使用明确的指令和问句来引导模型更好地理解任务需求。

（3）提供细节：在重述问题时，可以提供更多关于任务的细节，如期望的输出格式、解决问题的步骤等。这有助于模型更好地把握任务的关键点，从而生成更符合要求的输出。

（4）使用示例：为模型提供一个或多个问题的示例，以帮助其理解问题的背景和期望的输出形式。这样，模型在处理问题时可以参照示例来生成符合要求的结果。

假设需要模型为一篇文章生成一个摘要。原始问题可能是："请给这篇文章写个摘要。"为了更好地引导模型理解任务，可以使用问题重述技巧对问题进行优化。

（1）简化问题：将问题简化为："请总结这篇文章的主要观点。"

（2）明确任务：确保问题明确表明了模型所需执行的任务："请阅读以下文章，并用两到三句话总结文章的核心观点。"

（3）提供细节：提供更多关于任务的细节："请阅读以下文章，然后用两到三句话总结文章的核心观点。请确保摘要简洁明了，突出文章的主题。"

（4）使用示例：给出一个示例以帮助模型理解任务背景和期望的输出形式："例如，如果文章讨论了气候变化的影响，摘要可以是：'本文探讨了气候变化对全球生态系统的影响。作者指出，温室气体排放和海平面上升是主要的威胁因素。为了应对这些挑战，文章呼吁采取全球性的行动。'请根据这篇文章生成类似的摘要。"

问题重述技巧提供了更明确的任务描述、细节和示例，从而帮助模型更好地理解任务并生成更符合要求的输出。这对于提高模型在各种任务上表现出的性能至关重要。

3. 提供任务的背景知识

在某些情况下，模型可能需要一些额外的背景知识来更好地解决问题。特别是在一些专业的领域任务中，在输入中提供这些背景信息，可以帮助模型更好地理解问题的背景，生成更准确、更有针对性的答案。

例如，假设我们正在询问模型一个关于特定历史事件的问题，但它可能不具备该事件的相关知识。这时，可以在问题中提供一些关于该事件的背景信息，以帮助模型更好地理解问题。

不提供背景知识的问题示例：

请描述提示工程的概念和作用。

提供背景知识的问题示例：

提示工程是一种针对预训练语言模型（如 ChatGPT），通过设计、实验和优化输入提示（Prompt）来引导模型生成高质量、准确和有针对性的输出的技术。请描述提示工程的概念及其在自然语言处理中的作用。

在没有提供背景知识之前，模型并不清楚提示工程是指什么。在不同的领域中，提示工程也许有不同的含义。通过提供背景知识，使模型理解了背景，明确了概念，生成与问题更相关的准确答案。

4. 逐渐增加提示难度

通过逐渐增加提示难度来引导模型解决问题，这种策略叫作梯度提示，是一种重要的提示工程应用技巧。这种方法可以让模型在较低的难度级别上建立基本概念，逐渐向更高的难度级别推进，以提高模型的理解和生成能力。梯度提示的实施步骤如下。

（1）确定任务的难度级别：针对特定任务，将其分解为不同难度级别的子任务。例如，在文本摘要任务中，可以先从简单的关键词提取开始，逐步过渡到生成完整的摘要。

（2）设计提示：为每个难度级别的子任务设计相应的提示。简单级别的提示可以帮助模型理解基本概念，高级别的提示则可以引导模型生成更复杂的输出。

（3）分阶段回答：按照难度级别的顺序，让模型逐个完成对子任务的回答。在完成一个子任务后，对模型的回答进行反馈，帮助模型增进对任务及相关背景知识的理解，以实现梯度学习。

（4）评估与优化：对于每个子任务，评估模型回答的水平，可以根据需要调整提示。

（5）整合输出：将不同难度级别的子任务输出整合成完整的任务结果。例如，在文本摘要任务中，可以将关键词提取和完整摘要生成的结果结合，形成最终的摘要。

使用梯度提示技巧，可以更有效地引导模型逐步学习解决问题的方法。这种方法有助于提高模型在复杂任务上的性能，同时降低对模型无法回答的复杂问题产生幻觉回答的风险。

5. 在提示中给出例子

提供示例是提示工程最重要的技巧。示例可以帮助模型更好地理解任务需求和期望的输出格式，从而提高模型的生成质量和适用性。

提供示例的方法有以下几个步骤。

（1）确定任务需求：先明确任务的目标和要求，以便为模型提供有针对性的示例。

（2）选择合适的示例：为模型提供具有代表性的示例，使其能够捕捉到任务的关键特征。示例应当简洁明了，易于理解，同时要尽可能覆盖任务的不同方面的要求。

（3）将示例融入输入：将示例以自然、连贯的方式融入输入文本中，让模型能够顺畅地理解和处理。可以使用列表、问答或对话的形式呈现示例，使其更具可读性。

（4）验证模型效果：通过观察模型在示例上的表现，验证示例是否能够有效地引导模型理解任务需求和输出格式。如果模型的表现不佳，则可以尝试调整示例或提示方式。

（5）优化示例：根据模型的反馈，对示例进行优化和调整，以增强其引导效果。可以尝试提供不同类型的示例，或调整示例的数量和顺序。

接下来给出几个明确的例子，帮助读者更好地理解和掌握这一强大的提示工程技巧。

在第一个例子中，假设希望使用预训练语言模型完成一个英语缩写词的解释任务。可以通过提供如下示例帮助模型更好地理解任务需求和期望的输出格式。

例子：

输入："LOL"

输出："Laughing Out Loud"

请提供下列英语缩写词的完整解释：

1. NASA

2. ASAP

在这个例子中，明确地告诉模型任务是解释英语缩写词，并且给出了一个示例（LOL → Laughing Out Loud），以帮助模型理解期望的输出格式。这样，模型可以更准确地生成符合任务需求的答案。

在第二个例子中，假设希望使用预训练语言模型完成中文分词任务。考虑到中文分词是一个自然语言处理领域的任务，模型不一定具备相关的领域知识。于是，通过提供示例的方式来引导模型。

任务：请帮我完成中文分词任务。以下是一些示例，展示了期望的输入和输出格式：

输入：今天天气不错。

输出：今天 天气 不错 。

输入：我喜欢吃苹果。

输出：我 喜欢 吃 苹果。

请将以下句子进行分词：

输入：北京的冬天很冷。

在提示中，笔者提供了两个示例，分别展示了中文句子和对应的分词结果。这样，模型可以学习到如何将中文句子进行分词处理。当提供新的输入句子时，模型应该能够按照示例中的格式进行分词。

在一些任务中，可能需要输出的内容有特定的格式，这时也可以通过提供示例让模型理解这一特定的需求。在接下来的这个例子中，假设希望用预训练语言模型生成食谱的描述。但如果只提供一个简单的任务提示，如"给我一个健康的沙拉食谱"，模型可能无法准确地理解笔者期望的输出格式。在这种情况下，可以使用提供示例的技巧来引导模型。

给我一个健康的沙拉食谱，类似于以下格式：

1. 食谱名称：×××

2. 食材：A, B, C

3. 做法：

    a. 准备食材

    b. 混合食材

    c. 加入调味料

4. 享用！

通过这个示例，模型可以更好地理解笔者期望的食谱格式，从而生成更符合要求的输出。

1. 食谱名称：绿叶蔬菜水果沙拉

2. 食材：生菜、菠菜、火龙果、牛油果、蓝莓、杏仁片、橄榄油、柠檬汁、蜂蜜

3. 做法：

    a. 准备食材：洗净生菜和菠菜，切碎；剥去火龙果和牛油果的外皮，切成小块；洗净蓝莓。

    b. 混合食材：在一个大碗中，将生菜、菠菜、火龙果、牛油果和蓝莓混合在一起，撒上杏仁片。

    c. 加入调味料：在一个小碗中，混合橄榄油、柠檬汁和蜂蜜，搅拌均匀，然后淋在沙拉上。

4. 享用！

从模型的输出结果可以看出，它理解了任务需求和期望的输出格式。

有时，需要完成的任务并不容易给出明确的描述。例如，假设希望模型生成一段介绍某个科学家的简短传记。多么简短算是足够简短，传记应该包含哪些内容？这些问题的答案不容易定量地回答，于是可以使用"提供示例"技巧，给出一个明确的例子，帮助模型

理解任务需求和期望的输出格式。

请为我生成一段关于科学家玛丽·居里的简短传记。以下是一个示例：

示例：

艾伯特·爱因斯坦（1879—1955）是一位著名的理论物理学家，因提出相对论而闻名于世。他的贡献还包括光电效应、热运动和质量与能量之间的关系。爱因斯坦曾获得 1921 年的诺贝尔物理学奖，并被誉为现代物理学的创始人之一。

现在请为我生成一段关于玛丽·居里的类似介绍。

通过提供艾伯特·爱因斯坦的示例，向模型展示了期望的输出长度和内容。模型理解了笔者需要一段关于玛丽·居里的简短传记，内容应包括她的成就、贡献和荣誉。这样一来，它就能够生成更符合笔者期望的答案。

6. 让 ChatGPT 扮演特定的角色

角色扮演是一种在提示工程中常用的技巧，通过让预训练语言模型扮演特定角色，可以引导它生成与所扮演角色相符的输出。这种方法有助于提高输出的准确性、专业性和可读性。通过设置合适的角色和场景，可以激发模型的创造力，从而更好地解决问题并完成任务。

例如，假设需要让 ChatGPT 生成一篇关于健康饮食的文章，从而获取关于营养素摄取的建议。可以让 ChatGPT 扮演一位营养师，以问答的形式向模型提问。这样的提示可能是：

作为一位专业的营养师，请给我一些建议，如何在日常饮食中保证足够的营养素摄取？

通过让模型扮演营养师的角色，可以提高其在这一领域的专业性和可信度，使输出更符合实际需求。

7. 多次实验并定量评估

实验与评估是提示工程在实际应用中不可或缺的关键一步，因为它可以帮助我们定量地了解提示的性能，从而更明确其在业务中的表现能力。在实际应用中，需要针对特定任务设计和测试多种提示,然后通过评估确定采用哪种提示为我们的实际业务带来最佳的效果。

在进行实验与评估时,通常会遵循以下步骤。

(1)选择任务:确定要解决的问题或要完成的任务,例如文本分类、情感分析、摘要生成等。

(2)设计提示:针对所选任务,设计多种可能有效的提示。可以使用问题重述、角色扮演等技巧来生成不同的提示。

(3)实验设置:将数据集分为训练集、验证集和测试集。训练集用于训练模型,验证集用于在实验过程中调整提示和模型参数,测试集用于评估最终的模型性能。

(4)实施实验:使用不同的提示训练模型,并记录每个提示的性能指标。这些性能指标可以包括准确率、精确度、召回率、F1 值等,具体取决于任务类型。

(5)分析结果:比较不同提示在验证集上的性能,找出效果最好的提示。可以尝试结合多种提示策略,以进一步提高模型性能。

(6)最终评估:使用选定的最佳提示在测试集上评估模型性能。给出一个更公正、更客观的模型性能指标。

通过实验与评估,可以找到适合特定任务的最佳提示方案,并根据实验结果对模型进行调优。这种方法有助于提高模型在各种任务上的泛化能力和准确性。

3.5.3　提示工程的重要性

提示工程作为一种能够最大化发挥预训练语言模型潜力的技术手段,在实践中已经取得了显著的成功。例如,在问答系统中,通过设计问题的表述,可以引导模型更准确地回答问题。在文本摘要任务中,通过提示工程,可以引导模型生成更精炼、有趣的摘要。此外,在语义分析等任务中,通过合适的提示,可以使模型更准确地理解和分析输入文本的情感、观点等。具体来讲,提示工程的重要性主要体现在如下几个方面。

1. 提高模型的性能

预训练语言模型往往在各种自然语言处理任务上具有相当高的泛化能力。然而,在某些情况下，它们可能无法直接生成期望的输出。这主要是因为预训练语言模型在学习过程中接触到的数据与实际任务所需的数据存在差异。在这种情况下，提示工程可以帮助模型更好地适应特定任务，从而提高性能。

通过为模型提供精心设计的提示，引导模型关注输入数据中的关键信息，并生成与任务需求更符的输出。这不仅可以提高模型在特定任务上的准确性，还可以增强模型的鲁棒性，使其在面对复杂或嘈杂的输入数据时表现得更加稳定。

2. 降低迁移学习成本

预训练语言模型通常需要经过一个被称为迁移学习（Transfer Learning）的过程，才能够适应特定的任务。然而，在许多情况下，为模型提供大量标注数据以进行微调可能是昂贵且耗时的。提示工程提供了一种成本较低的替代方法，可以通过优化问题表述来改进语言模型在特定任务上的性能，无须额外标注数据。

通过尝试不同格式的提示表述，找到最能引导模型生成期望输出的问题形式。这不仅节省了收集和标注大量数据的成本，还在很大程度上缩短了模型开发的周期。

3. 模型的可解释性与可控制性

提示工程还可以提高模型的可解释性与可控制性。通过为模型提供更清晰、更具体的任务描述，我们可以更好地理解它的行为，并在必要时对其进行调整。这在处理敏感数据或遵循严格合规要求的场景中尤为重要。

精心设计的提示可以使模型的输出更符合人类用户的预期，从而提高模型在实际应用中的可用性。此外，提示工程还可以帮助我们发现并纠正模型的潜在偏见，为创建更公平、更包容的人工智能系统提供支持。

4. 促进创新与研究

提示工程为研究人员和从业者提供了一个富有创意的空间，以探索如何更好地利用预训练语言模型。通过不同的提示组合和表达方式，可以发现模型在各种任务中的潜在优势和局限。这有助于推动预训练语言模型的研究进展，并为未来模型的设计和优化提供宝贵的见解。

5. 提升模型的泛用性

预训练语言模型在处理多样化的任务时具有很高的泛化能力，但在某些情况下，它们可能对特定任务的性能表现不佳。通过提示工程，可以找到更适合特定任务的问题表述，从而提高模型的泛用性。这意味着即使在面临新任务或新领域时，也可以通过调整提示来改善模型的表现，无须对模型本身进行修改。

提示工程在预训练语言模型的应用中起着越来越重要的作用。通过精心设计提示，可以提高模型在特定任务上的性能，降低迁移学习的成本，增强模型的可解释性和可控制性，并促进研究创新。此外，提示工程还有助于提升模型的泛用性，使其能够更好地应对多样化的任务。尽管提示工程仍然面临一些挑战，但随着自然语言处理技术的不断发展，我们有理由相信，提示工程将在未来发挥更重要的作用。

第 2 部分

提示工程

人人都能用 AI：构建提示指令，化解各类难题

随着人工智能技术的迅速发展，越来越多的人开始依赖这些工具来简化生活中的各种难题，应对工作中的各种挑战。无论是在翻译、写作、健康咨询，还是球赛预测等领域，都可以通过构建合适的提示来引导人工智能系统，从而获得所需的帮助。本章旨在探讨在不具备自然语言处理领域知识的情况下，普通用户如何有效地构建提示指令，以解决各种问题或完成各类任务。

本章将通过大量实例展示如何创建高质量的提示，以实现最佳的与 AI 交互的体验。这些示例将涵盖从简单任务到复杂问题的解决方案，帮助读者更好地理解如何在不同场景中应用提示工程。需要说明的是，本书的 ChatGPT 示例都是基于当前的版本（Mar 14 Version）。后续随着模型不断升级，对于书中的部分示例，ChatGPT 可能会给出不一样的回答。

4.1 难题已攻克：AI 助你跨越语言的障碍

随着全球化进程的加速和国际交流的不断增加，人们对于跨语言沟通的需求也在不断增加。如果机器能够快速准确地将一种语言翻译成另一种语言，则将大大提高沟通效率，促进文化交流，推动经济发展，有助于加强不同国家和地区之间的友好往来。因此，自人工智能技术问世以来，机器翻译就成了最重要的研究方向之一。在图 4-1 所示的一份老报纸上，机器翻译被认为是全球有待攻克的九大难题之一（排第 1 名），其重要性甚至超过了星际旅行。

图 4-1

使用 ChatGPT 实现机器翻译非常简单，只需给它明确的指令作为提示就可以了。在一篇名为 "Is ChatGPT A Good Translator? A Preliminary Study" 的论文中，作者通过如下 3 个简单的提示指令让 ChatGPT 完成了翻译任务。

提示指令 1 Translate these sentences from [SRC] to [TGT]:

提示指令 2 Answer with no quotes. What do these sentences mean in [TGT]?

提示指令 3 Please provide the [TGT] translation for these sentences:

这里的[SRC]和[TGT]分别指翻译的源语言和目标语言。如果想让 ChatGPT 进行英文到中文的翻译，那么可以将提示指令 1 修改为如下形式。

Translate these sentences from English to Chinese:

再加上需要翻译的内容，ChatGPT 就能够帮助我们完成机器翻译的任务。

输入：Translate these sentences from English to Chinese: Across the Great Wall, we can reach every corner in the world.

ChatGPT：这句话的英文原文是"Across the Great Wall, we can reach every corner in the world!"，它的中文翻译是：

穿越长城，我们能到达世界的每一个角落。

这里的提示指令也可以用中文，基本不会影响翻译结果，示例如下。

输入：将句子从英语翻译成汉语：Across the Great Wall, we can reach every corner in the world.

ChatGPT：Across the Great Wall, we can reach every corner in the world. 可以翻译为：

穿越长城，我们可以到达世界的每一个角落。

这里有个有趣的背景小故事：例子中的这句英文"Across the Great Wall, we can reach every corner in the world."，是 1987 年 9 月 20 日中国第一次涉足全球网络空间时，发送给卡尔斯鲁厄理工学院的第一封电子邮件的内容。笔者也使用这句话作为本章的第一个示例。

对于简单的机器翻译任务而言，这样的提示指令就足够了。"Is ChatGPT A Good Translator? A Preliminary Study"这篇论文中提到，在标准的通用测试集上，ChatGPT 的翻译水平基本上与谷歌翻译、DeepL 翻译、腾讯翻译等专业的机器翻译模型在同一个水平线上[18]。但是，作为一个翻译软件，ChatGPT 略微有点儿啰唆。我们可能并不需要它在输出中把原句重复一遍，只需要翻译的内容。因此，可以应用前面提到的问题重述技巧，加入对任务的更多约束指令。

输入：将句子从英语翻译成汉语：Across the Great Wall, we can reach every corner in the world.

只输出翻译结果，不要复述原文。

ChatGPT：穿过长城，我们可以到达世界上的每一个角落。

在上面这个例子中，笔者让 ChatGPT "只输出翻译结果，不要复述原文"。ChatGPT 很好地理解了这个提示指令，并遵照指令完成了这个翻译任务。

对于更困难的翻译任务（如专业领域的长文本机器翻译），需要使用更高级的提示技巧，例如角色扮演。

输入：假设你是英文翻译人员。我将提供一些中文文本，你需要使用优美且高级的英语词汇和句法将其翻译成英文。这些内容来自计算机科学领域的学术论文，因此请考虑领域背景知识，并确保专业术语的准确性和一致性。考虑到中文和英文表达的语法习惯有所不同，你可以从以英语为母语的人的角度进行适当调整，但请确保主要内容不变。请在回复时仅提供翻译后的文本，不要引用原文或提供任何解释。以下是我需要翻译的内容：
统计机器翻译把翻译问题等同于求解概率问题，即给定源语言 s，求目标语言 t 的条件概率。选取好翻译模型后，从双语平行语料中学习到这些模型的参数。当输入源语言时，通过学习到的模型最大化上述条件概率来获得最优翻译结果。

ChatGPT：Statistical machine translation treats translation as a probability problem, which is to find the conditional probability of the target language t given the source language s. After selecting a suitable translation model, the parameters of these models are learned from bilingual parallel corpora. When the source language is input, the optimal translation result is obtained by maximizing the above conditional probability using the learned model.

同样的一句话，笔者也使用谷歌翻译把它翻译成英文，然后对比两个翻译的结果，如图 4-2 所示。

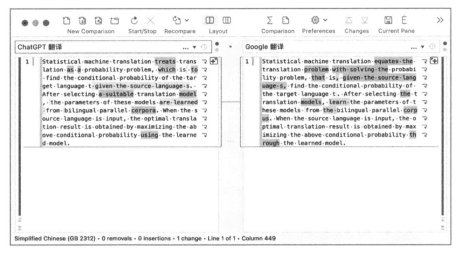

图 4-2

图 4-2 中高亮的部分显示出两个翻译版本之间的区别。很明显，ChatGPT 的翻译使用的词汇更高级，表达更流畅。然而，对于那些需要依赖机器翻译的普通用户来说，很难自行判断翻译质量的高低。这时，也可以寻求 ChatGPT 的帮助。例如，可以利用如下提示指令。

对于这段中文文本：

<中文文本>

有如下两个对应的英文翻译：

<英文翻译 1>

<英文翻译 2>

请问这两段翻译哪一段更好，为什么？

ChatGPT 给出如下回答。

ChatGPT：这两段翻译都表达了原文的主要意思，但是第一段翻译更好一些。

原因如下：

1. 第一段翻译中使用了更准确、更专业的术语，比如"treats translation as a probability problem""conditional probability"等，更能反映原文的学术性质。

2. 第一段翻译的句式和结构更为简洁明了，表达更为清晰，易于读者理解。

　　3. 第一段翻译使用了被动语态，突出了"翻译问题"和"学习到的模型"的重要性，更符合学术论文的写作风格。

　　综上所述，第一段翻译更好一些。

通过上述回答可以看到，ChatGPT 的翻译不但更好，符合"使用高级词汇"等提示指令，而且有理有据。

在机器翻译中，确保术语的翻译准确性和一致性一直是一个大难题，特别是对于长篇文本。即使是 GPT-4，一次能够翻译的文本长度也只有大约一万字，因此在翻译长篇著作时，术语一致性的问题可能会出现。使用一个预先确定的术语表是解决术语一致性问题最简单可行的方案。翻译时参考这个术语表可以确保术语翻译的一致性和准确性。在现有的一些机器翻译系统中，支持术语表通常被作为高级功能提供给付费用户。如今，我们可以通过提示控制 ChatGPT 用术语进行翻译，示例如下。

将这些句子从中文翻译成英文：<中文文本>

请注意确保如下术语翻译的准确性：

<中文术语 1 － Corresponding English terms >

<中文术语 2 － Corresponding English terms >

……

通过这样的提示，ChatGPT 大概率能够按照提供的术语词表进行这些领域术语的翻译。读者可能还是会担心，万一它翻译错了什么办，于是还可以加入如下提示，让 ChatGPT 在翻译完之后重新提取术语词表，便于人工对照，确保按照要求对术语进行了翻译。

将这些句子从中文翻译成英文：<中文文本>

请注意确保如下术语翻译的准确性：

<中文术语 1 － Corresponding English terms >

<中文术语 2 － Corresponding English terms >

……

请在回复时不仅提供翻译后的文本，还要重新依据翻译文本和原文本提取术语词表，以便对照检查。

加上了这些提示指令后，ChatGPT 的输出如下。除了提供翻译结果，还提供了术语词表以供检查。

ChatGPT： Statistical machine translation treats translation as a probability problem, which is to find the conditional probability of the target language t given the source language s. After selecting a suitable translation model, the parameters of these models are learned from bilingual parallel corpora. When the source language is input, the optimal translation result is obtained by maximizing the above conditional probability using the learned model.

术语词表：

- 统计机器翻译：Statistical machine translation
- 翻译问题：translation problem
- 求解概率问题：solving the probability problem
- 源语言：source language
- 目标语言：target language
- 条件概率：conditional probability
- 翻译模型：translation model
- 双语平行语料：bilingual parallel corpora
- 模型参数：model parameters
- 最优翻译结果：optimal translation result

作为一款基于人工智能技术的大型语言模型，经过合适的提示工程，ChatGPT 可以自动生成符合语法规则、表达清晰准确的高质量翻译。在翻译过程中，ChatGPT 会考虑上下文、语法结构、领域专业术语等多种因素，尽可能准确地传达原文的意思。ChatGPT 还可以根据用户的指令灵活调整语言风格和用词，以满足不同用户的需求。简而言之，ChatGPT 比其他专业的机器翻译系统更好、更强大。

4.2 不只是纠错：AI 让语言表达更精准

对于母语非英语的英语学习者来说，在撰写英文文本时，可能存在语法错误、表达不准确、不流畅或不够地道的问题。在这种情况下，可以利用 ChatGPT 和恰当的提示指令，对语言进行纠错并润色，提高文本的准确性和表达水平。

要实现语言的修改和润色，最简单的方法是为 ChatGPT 提供一个明确的指令，如"请帮我纠正下面的文本中的拼写或语法错误并润色，以提高可读性"。同时，附上文本。

输入：请帮我纠正下面的文本中的拼写或语法错误并润色，以提高可读性：

For non-netive english learners, grammatic errors, inaccurate expression, poor fluency or lack of idiomatic may occur when write English texts. At this time, with the help of ChatGPT and appropriate prompt instructions, it can be used as an effective language error correction and retouching tool to help we improve the accuracy and expression ability of text.

ChatGPT：For non-native English learners, grammatical errors, inaccurate expressions, poor fluency, or a lack of idiomatic expressions may occur when writing English texts. At such times, with the help of ChatGPT and appropriate prompts, it can be used as an effective tool for correcting and improving the language, accuracy, and expression ability of the text.

我们可以借助工具更直观地查看 ChatGPT 对输入文本进行的修改，如图 4-3 所示。

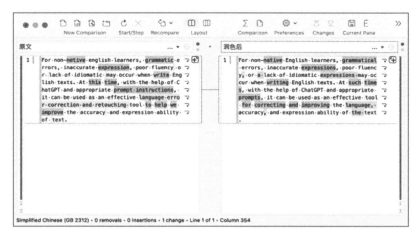

图 4-3

可以看到，ChatGPT 不仅修正了拼写错误、时态错误等基本语法错误，还对一些词进行了替换，让表达更加专业。还加入了一些连接词，使得语言更流畅。

众所周知，贾岛的一句诗"鸟宿池中树，僧敲月下门。"是"推敲"一词的由来。对于语言润色来说，往往需要反复的推敲。于是可以让 ChatGPT 进一步对文本进行修改和润色。

输入： 请对下面的文本进行修改和润色，提高可读性：

For non-native English learners, grammatical errors, inaccurate expressions, poor fluency, or a lack of idiomatic expressions may occur when writing English texts. At such times, with the help of ChatGPT and appropriate prompts, it can be used as an effective tool for correcting and improving the language, accuracy, and expression ability of the text.

ChatGPT： Here's an improved version of the text:

Non-native English learners may encounter grammatical errors, inaccurate expressions, poor fluency, or a lack of idiomatic expressions when writing in English. However, with the assistance of ChatGPT and relevant prompts, it can serve as an effective tool for correcting and improving the language, accuracy, and expressive ability of the text.

我们可以重复这个过程，直到 ChatGPT 觉得改无可改为止。这个过程可能会持续很多个回合，也有可能一直得不到终止。如果读者看不出文本是否已经改得足够好，则可以采用如下提示，让 ChatGPT 给出评价或进一步修改的建议。

\<中文文本\>

\<Corresponding English Translation\>

上面是一段中文文本以及对应的英文翻译，请问翻译水平怎么样？是否还有改进的空间？

ChatGPT 给出的回答如下：

ChatGPT：这个翻译的质量已经很不错了，基本准确地传达了中文原文的意思，但还有一些地方可以进一步改进：

1. "This powerful tool" 没有在中文原文中出现，因此建议在英文翻译中使用 "it"。

2. "纠正" 一词在中文中带有批评或责备的意味，建议在英文翻译中使用 "correct" 或 "improve" 更为中性和客观。

综上所述，下面是一种改进版本：

Non-native English learners may encounter grammatical errors, inaccurate expressions, poor fluency, or a lack of idiomatic expressions when writing in English. However, with the assistance of ChatGPT and relevant prompts, it can be an effective tool to correct and improve the language, accuracy, and expressive ability of the text.

这时，读者可以根据 ChatGPT 的建议进一步润色，也可以接受目前的润色结果。

当然，语言纠错和润色并不仅限于我们不熟悉的语言。ChatGPT 同样适用于我们日常使用中文的场景，能帮助我们更精准地选择词汇、构建句子，以及改进文本风格。这样一来，我们可以更专注于内容输出和观点表达，无须过分担忧文字细节。以下为一个 ChatGPT 修改并润色中文的例子。

输入：请帮我对下面的文本进行进一步修改和润色，以提高可读性：

当然，语言纠错和润色并不仅限于我们不熟悉的语言。这个工具同样可以应用于我们日常使用的中文，帮助我们更加精准地选择词汇、构建句子，以及改进文本风格。这样一来，我们可以更专注于内容输出和观点表达，而无须过分担忧文字细节。

ChatGPT：当然，并非只有在不熟悉的语言中，我们才需要进行语言纠错和润色。实际上，这种工具同样适用于我们日常使用的中文。使用它能够帮助我们更准确地选择词汇、构建句子并改进文本风格。这样一来，我们就能够更专注于内容的输出和观点的表达，而不必过于担心文字细节的问题。

如果采用第 3 章提过的角色扮演策略，那么 ChatGPT 可以给出更专业的建议，示例如下。

输入：我正在撰写一部学术专著，希望你能担任该书的 AI 编辑。请将我提供的草稿经过润色与修改，用更精炼、更高级的词汇和句式呈现。在保持原意不变的基础上，提高文本的可读性。请只回复经过优化后的内容，无须重复原文或提供解释。我的第一段话是：

当然，语言纠错和润色并不仅限于我们不熟悉的语言。这个工具同样可以应用于我们日常使用的中文，帮助我们更加精准地选择词汇、构建句子，以及改进文本风格。这样一来，我们可以更专注于内容输出和观点表达，而无须过分担忧文字细节。

ChatGPT：毫无疑问，语言纠错与润色不仅局限于我们并不熟悉的语言。此工具也能运用于我们常用的中文，协助我们更为准确地挑选词汇、构筑句式，以及优化文本风格。如此一来，我们得以更专注于内容呈现与观点阐述，而非过分关注文字细节。

通过角色扮演，我们能够为 ChatGPT 设定更准确的任务场景，从而得到符合我们要求的内容。例如，笔者将学术专著改为科普读物后，ChatGPT 的输出结果出现了明显的变化。

输入：我正在撰写一部科普读物，希望你能担任该书的 AI 编辑。请将我提供的草稿经过润色与修改，用更通俗易懂的词汇和句式呈现。在保持原意不变的基础上，提高文本的可读性。请只回复经过优化后的内容，无须重复原文或提供解释。我的第一段话是：

当然，语言纠错和润色并不仅限于我们不熟悉的语言。这个工具同样可以应用于我们日常使用的中文，帮助我们更加精准地选择词汇、构建句子，以及改进文本风格。这样一来，我们可以更专注于内容输出和观点表达，而无须过分担忧文字细节。

> ChatGPT：毫无疑问，语言纠错和润色不仅局限于我们不熟悉的语言。这款工具也能应用在我们日常使用的中文上，协助我们更精确地挑选词汇、搭建句子，同时提升文本风格。如此一来，我们可以将更多精力集中在内容创作和观点阐述上，无须过分关注文字细节。

笔者为科研工作者，时常需要撰写英文科研论文，长期订阅 Grammarly、QuillBot 等语言纠错与润色工具。在谈论语言模型发展史时，笔者曾提到，纠错与润色是自然语言处理技术最早获得商业成功的应用领域之一。然而，在使用 ChatGPT 作为纠错和润色工具后，笔者发现其水平已远超那些积累了数十年经验的传统专业工具。尽管有研究表明[19]，ChatGPT 存在着过度修改的问题，但仍不失为传统纠错和润色工具的一个升级替代品。考虑到纠错和润色并非 ChatGPT 的首要任务，只是其次要功能之一。这一点更凸显了 ChatGPT 作为人工智能技术最新成就的卓越实力与潜力，令人感叹科技进步的神奇。

4.3 文学创作新思路：人机协作让作品更具灵感

作为一款自回归语言模型，逐字生成文本是 ChatGPT 最"本分"的功能。当这项技能被提升至更高层次时，便涉及文学创作领域。受李彦宏在"文心一言"发布会上的启发，笔者将从"可以总结一下《三体》的核心内容吗？如果要续写的活，可以从哪些角度出发？"这个问题开始，尝试探索 ChatGPT 在文学创作方面的潜能。

> 输入：可以总结一下《三体》的核心内容吗？如果要续写的活，可以从哪些角度出发？
>
> ---
>
> ChatGPT：《三体》是刘慈欣创作的一部科幻小说，是"地球往事"三部曲的第一部。这部作品讲述了人类与外星文明三体星的故事。其核心内容涉及科学、哲学和宇宙观等多个层面。以下是一些主要内容的总结：
>
> 1. 在一个动荡的时代背景下，科学家叶文洁发现了外星文明，为地球与三体文明的接触拉开序幕。
>
> 2. 人类首次发现宇宙中存在其他智慧生命，引发人类对自己地位和宇宙中生命存在的思考。

3. 三体文明面临生存危机，决定侵占地球。其中，地球上的一些人选择成为三体文明的帮凶，形成地球人内部的分裂和对抗。

4. 人类在宇宙中孤独地面对外星文明的威胁，展开了对抗三体文明的斗争，同时反思人类自身文明的发展历程。

如果要续写这个故事，可以从以下几个角度出发：

1. 更深入探讨人类与三体文明的交流与合作，以及在这个过程中可能产生的冲突和误解。

2. 人类在与三体文明的斗争中，发现了更多宇宙中的智慧生命，使故事背景扩展到更广泛的宇宙尺度。

3. 探讨地球文明在面临三体威胁时，不同国家和文化之间如何协作、共同抵抗外星侵略。

4. 深入挖掘三体文明内部的政治斗争、文化冲突和信仰危机，为故事增添更多维度。

5. 在人类与三体文明的互动中，探讨科技、道德和伦理等议题，以及这些议题在未来地球文明发展中的影响。

总之，续写三体可以在多个层面展开，既可以聚焦宏大的宇宙观，也可以关注个体之间的情感纠葛和道德抉择，为读者呈现一个更为丰富多样的宇宙故事。

作为对比，在文心一言的发布会上展示的关于《三体》的对话如图 4-4 所示。

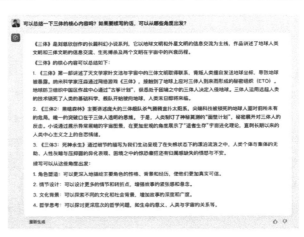

图 4-4

这两个续写建议哪个更好，笔者征求了 ChatGPT 的意见。

ChatGPT：两个续写建议各有特点，但我认为第一个建议更好一些。原因如下：

1. 第一个建议涵盖了多个方面，从人类与三体文明的交流合作、故事背景扩展、地球文明协作抵抗、三体文明内部探索以及科技道德伦理议题等多个角度出发，为续写提供了更全面的思考方向。

2. 第一个建议关注了宏大的宇宙观和更深入的文明交流，这些都是《三体》原作的核心元素，更符合续写的主题。

3. 第一个建议在探讨人类与三体文明的交流与合作时，关注了可能产生的冲突和误解，这可以为续写带来更多的戏剧性冲突和悬念，增强故事的吸引力。

当然，第二个建议也有一定的价值，特别是在角色塑造、情节设计、文化背景和哲学思考等方面。你可以将两个建议相互结合，从而创作出一个更加丰富多样的续写作品。

从回答中可以看出，ChatGPT 和文心一言都具备了对未知文学作品提供原创建议与意见的能力。可见它们具备一定的创造力。当然，在这两个回答中，ChatGPT 的表现更为出色。在笔者看来，其优势主要体现在具体性上，其给出的详细建议具有更大的潜能，能够引导和启发小说作者的思考和创作。

接下来，笔者利用 ChatGPT 给出的续写建议，逐步开展《三体》续集的创作。

输入：这个续写的建议很好，我决定在你的帮助下开始撰写《三体》的续集。

首先，请帮我列出几个续集的标题。请列出不少于 10 个供我选择。

ChatGPT：当然可以！以下是一些建议的续集标题：

1. 《星际交汇》
2. 《三体：文明的融合》
3. 《宇宙共生》
4. 《超光速之谜》
5. 《三体：新纪元》
6. 《虫洞时代》

7. 《暗物质的秘密》

8. 《星际迷航：三体探险》

9. 《三体：和平使者》

10. 《宇宙联盟：地球与三体》

这些标题涵盖了不同的主题和方向，可以根据您对续集的设想进行选择和调整。希望您能在这些建议中找到灵感！祝您创作顺利！

笔者选择了一个标题，并请 ChatGPT 生成大纲。

输入： 我决定选择《三体：文明的融合》作为续集的标题。请帮我列出这本书的故事内容的大纲。

ChatGPT：《三体：文明的融合》的大纲如下：

1. 前言：回顾《三体》故事，为读者提供背景信息。

2. 第一章：宇宙中的新联系

   ● 三体文明与地球文明达成和解，建立初步的外交关系。

   ● 两个文明开始在科学、技术、文化等领域进行交流。

3. 第二章：共同的威胁

   ● 一支未知的宇宙文明入侵，威胁地球和三体星球。

   ● 地球和三体文明决定联手抵抗这个威胁。

4. 第三章：科技交流与突破

   ● 两个文明在科学技术方面加深合作，实现了一系列重要突破，如超光速传输、新型能源技术等。

   ● 人类开始学习并掌握三体文明的一部分高级技术。

5. 第四章：文化碰撞与融合

   ● 两个文明在艺术、哲学、宗教等领域进行交流，产生了独特的文化融合现象。

   ● 双方在价值观、道德观上的差异引发了一系列冲突和争议。

6. 第五章：内部分歧与变革

   ● 地球上出现支持与反对与三体文明合作的两派人士，引发激烈的社会争论。

- 三体文明内部也出现了改革派与保守派的对立。

7. 第六章：宇宙的秘密

- 通过合作，地球和三体文明揭示了一些宇宙中的神秘现象，如暗物质、虫洞等。
- 两个文明合作研究宇宙的起源和命运。

8. 第七章：团结与战斗

- 面对共同的威胁，地球和三体文明达成更紧密的战略联盟。
- 两个文明联手对抗宇宙新入侵者，展现出团结与勇气。

9. 第八章：新纪元的曙光

- 经过一系列的战斗和努力，地球和三体文明成功击退了入侵者。
- 两个文明进一步加强合作，共同开创了一个和平繁荣的宇宙新纪元。

10. 结语：展望未来的可能性，留下一些悬念。

笔者请 ChatGPT 进一步细化每章的故事内容。

输入：请进一步细化"第一章：宇宙中的新联系"的故事脉络

ChatGPT：第一章：宇宙中的新联系

1.1 和解与友谊的缔结

- 经过一系列曲折的斗争，地球人类与三体文明在边缘毁灭的情况下达成和解。
- 双方建立初步的外交关系，互设使馆，派遣外交使节进行友好访问。

1.2 技术交流计划

- 地球与三体文明签署一项技术交流协议，允许双方科学家进行技术交流与合作。
- 双方设立联合研究机构，共同研究解决能源危机、环境问题、疾病等全球性问题。

1.3 文化使者

- 为了加深两个文明之间的了解与友谊，双方选派文化使者，进行跨文

　　　　化交流活动。

- 两个文明的艺术家、作家、哲学家等开始互访，举办联合艺术展、文学研讨会等活动。

1.4 异星旅行

- 三体文明与地球共享宇宙航行技术，实现了人类的星际旅行梦想。
- 两个文明组织首次的互访团，地球人到访三体星球，三体文明代表参观地球。

1.5 媒体的关注

- 地球各大媒体紧密关注两个文明的交流过程，报道各种合作成果与故事。
- 一些质疑的声音出现，对于与三体文明的合作表达担忧，担心地球文化的消失。

1.6 平行教育体系

- 两个文明开始在教育领域进行合作，共同制定课程，培养全球化背景下的新一代。
- 地球学生开始学习三体语言、历史和科技，三体学生也开始学习地球的知识体系。

　　在第一章中，两个文明在经历了一系列斗争后，达成和解，并开始进行友好交流。这一章主要描述了地球与三体文明在各个方面建立联系与合作的过程，为后续章节中更深入的交流与合作奠定基础。

让 ChatGPT 开始具体章节的撰写。

输入：开始帮我撰写第一章：宇宙中的新联系中的第一节"1.1 和解与友谊的缔结"的开头部分，用大约 2 000 字描述"经过一系列曲折的斗争，地球人类与三体文明在边缘毁灭的情况下达成和解。"

ChatGPT：第一章：宇宙中的新联系

1.1 和解与友谊的缔结

经过一系列曲折的斗争，地球人类与三体文明在边缘毁灭的情况下达成和解。原本剑拔弩张、胶着对峙的双方，终于在最后关头找到了共同的出路。宇宙中的新联系就此诞生，打破了黑暗的时代，为两个文明带来了一线曙光。

回顾过去，地球与三体文明的冲突始于一个偶然。当年，中国科学家叶文洁在动荡时期向宇宙发出了求救信号。她当时的初衷是寻求外星智慧生命……（略）

受篇幅限制，笔者无法贴出完整的创作过程。总之，对于长篇文学的创作，需要采用逐步引导的方式，让 ChatGPT 逐层分解这个复杂的故事，并针对每个具体的小节撰写内容。受当前 ChatGPT 的能力限制，它无法通过单一的提示指令完成长篇小说的创作，还需要与人类进行多轮交互。在这个过程中，我们可以看到人类和 AI 之间的和谐与协作。所以，笔者不认为这是 ChatGPT 的技术缺陷，相反，我们应该珍惜当前的 AI 技术。随着 AI 能力的进一步提升，笔者相信 AI 迟早会具备一键完成长篇小说的创作能力。到那时，我们可能会怀念人类和 AI 协同创作的美好时光。

除了小说，我们还可以与 ChatGPT 协同创作其他的文学形式。下面几个例子中，笔者使用了角色扮演的技巧，以便更好地激发 ChatGPT 的创作热情。例如，让 ChatGPT 充当一位热爱余秋雨作品的散文作家。

输入： 假设你是一位热爱余秋雨作品的散文作家。请用优美的文字和富有哲理的思考来描述自然景观、人文风情和生活感悟。在回答中请展示出对余秋雨作品的理解和借鉴，并用生动的语言传达你的情感和见解。请从以下这个话题开始："一个宁静的秋天午后，我独自漫步在古镇的小巷子里。"撰写一篇名为《秋》的散文。

ChatGPT： 秋，这个季节如同一位沉默的诗人，带着丰收与遗憾的滋味，洒落在岁月的画卷。一个宁静的秋天午后，我独自漫步在古镇的小巷子里，试图用心体味那些余秋雨笔下的意境。

古镇的小巷子宛如一条流淌着历史的河流，每一处都留下了岁月的痕迹。古砖古瓦，似乎讲述着曾经的辉煌与沧桑。我沉浸在这秋日的静谧中，感受着岁月的沉淀和时间的流转。在这漫长的时光中，人们生活的痕迹依稀可见，如同古镇里散落的落叶，昭示着生命的轮回。

　　这古镇的人们，亦仿佛是这秋天里的一缕暖阳，温暖了游子的心。那些卖茶的老人，用一杯茶道尽一生的沧桑；那些笑脸盈盈的孩童，用天真烂漫书写着未来的希望。这里的一草一木，一人一物，都在讲述着生活的韵律和秋天的故事。正如余秋雨所言，生活的本质在于感悟，在于心灵的碰撞。

　　在这宁静的秋天午后，我看到了生命的无常，也看到了岁月的恒久。那些饱经风霜的老树，依然顽强地挺立在小巷子里；那些静谧的小巷子，承载着古镇的昨日与明天。我们的生命亦如同这秋日的阳光，或明或暗，或短或长。唯有在这无常的生命里，去寻找永恒的美好，去感受时光的韵味，才能真正理解生活的意义。

　　秋天如诗，古镇如画。在这美好的时光里，让我们用心去感受生活的美好，去倾听岁月的声音。愿我们如同余秋雨一般，游走在时光的长河中，用生动的笔触描绘出属于我们的故事，让心灵在这宁静的秋天午后与岁月对话。

　　《秋》

让 ChatGPT 充当一位擅长创作惊悚和悬疑题材的电影或电视剧的资深编剧。

输入：假设你是一位擅长创作惊悚和悬疑题材的电影或电视剧的资深编剧。请为我提供一个引人入胜的故事梗概，包括主要角色、情节和悬念。在回答中展示你对这种类型的电影和电视剧的理解，以及设置紧张氛围、埋下伏笔、解开谜团的技巧。请从以下这个开场设定开始："一个寂静的夜晚，一位侦探受邀调查一幢神秘的古宅，却不知道一连串离奇事件正等待着他。"创造一个电影剧本的大纲。

ChatGPT：电影名称：《暗夜迷宅》

　　类型：惊悚、悬疑

　　故事梗概：

　　在一个寂静的夜晚，一位名叫李文的年轻侦探受邀调查一幢神秘的古宅。据传闻，这座古宅的主人在十年前离奇失踪，从那以后，古宅里接连发生了诡异事件。李文调查的目的是找到失踪的主人，揭开这座宅子背后的真相。

　　主要角色：

1. 李文：勇敢聪明的年轻侦探，拥有出色的观察力和推理能力。

2. 刘老太：古宅失踪主人的妻子，年纪已高，坚持认为丈夫仍然活着。

3. 王瑞：失踪主人的私生子，疑似与他父亲的失踪案有关。

4. 张慧：神秘女子，对古宅的历史和故事了如指掌。

情节：

1. 李文受邀进入古宅，与刘老太交谈，了解古宅失踪主人的过往，同时发现古宅内部存在诸多神秘现象。

2. 李文在古宅中发现了一系列线索，推测失踪主人可能遭遇了谋杀。他发现了一扇隐藏在书房的秘密通道，通向地下室。

3. 在地下室，李文发现了失踪主人的遗骸，以及一本关于家族秘密的日记。原来，失踪主人为了保护家族宝藏，设下了诸多陷阱，并因此意外死亡。

4. ……（略）

让 ChatGPT 充当一位擅长创作校园民谣的歌曲词作家。

输入： 假设你是一位擅长创作校园民谣的歌曲词作家。请为我提供一首歌词，包括主题、旋律和情感。在回答中展示你对校园民谣风格的理解，以及如何用简单、真挚的文字表达对青春、友情和爱情的感悟。请以"那些我们一起度过的美好时光"为主题，创作一首校园民谣风格的歌曲。

ChatGPT： 歌曲主题：那些我们一起度过的美好时光

旋律：轻快、优美

情感：怀旧、友情、爱情

（第一节）

阳光照耀在那青春的脸庞，

我们笑着谈论着梦想与希望。

校园里的风轻轻拂过，

那些曾经懵懂的情感如今依然清晰可见。

（副歌）

回忆那些我们一起度过的美好时光，

青春的歌声如今仍在心间回荡。

友情、爱情，永恒的话题，

让我们珍惜这段时光，不舍离别。

（第二节）

彼此信任，共同成长，

度过了无数欢笑和泪水交织的夜晚。

携手走过那遥远的路程，

感激命运将我们紧密相连。

（副歌）

回忆那些我们一起度过的美好时光，

青春的歌声如今仍在心间回荡。

友情、爱情，永恒的话题，

让我们珍惜这段时光，不舍离别。

（桥段）

时光匆匆，岁月如梦，

我们……（略）

让 ChatGPT 充当一位唐朝的边塞诗人。

输入： 假设你是一位唐朝的边塞诗人。请为我创作一首描绘边疆风光、表达边塞将士豪情壮志的边塞诗。在回答中展示你对唐代边塞诗风格的理解，用优美的诗句传达英勇、忠诚，以及边疆生活的艰辛。

ChatGPT： 碧落黄沙万里边，烽烟狼烟古戍连。

关山戍楼藏苍穹，马蹄踏雪出征年。

严峰剑气划天际，金戈铁马度边疆。

豪情壮志护莲莱，将士忠诚守四方。

破晓前线朝霞映，楼兰古道夜雁飞。

锦绣河山待重振，边塞风光终再现。

> 举头遥望故乡水，千里思念成狂澜。
>
> 饮马长城空回首，梦回唐朝赋边关。
>
> 此诗采用了五言律诗的形式，体现了唐代边塞诗风格。诗中通过描绘边疆风光、戍楼、河山等元素，展现了边塞将士在严苛环境中的英勇和忠诚。诗中还体现了边塞将士对故乡的思念以及他们的壮志豪情。

在诗歌创作中，ChatGPT 显然表现出了一些不足。首先，这不是五言律诗。这说明 ChatGPT 并不真正理解什么是五言律诗，缺乏中国古诗词专业的领域知识。其次，这首诗完全没有押韵，这是 GPT 本身的局限性导致的。第 3 章提到，语言模型通过查表的方式将一个字转换成一个向量进行理解和识别。也就是说，语言模型并不知道这个字的读音是什么，因此也就无法理解韵脚这个概念。仅就文字而言，这首诗运用了拟人、对仗等修辞手法，使用了生动的意象和景物描绘，使得诗句具备了一定的艺术感。缺乏韵律感使得它无法被认为是一首优秀的作品。

最后，笔者还想让 ChatGPT 写作文。接下来，笔者尝试让 ChatGPT 完成 2022 年高考全国一卷的作文题。

输入： 阅读下面的材料，根据要求写作："本手、妙手、俗手"是围棋的三个术语。本手是指合乎棋理的正规下法；妙手是指出人意料的精妙下法；俗手是指貌似合理，而从全局看通常会受损的下法。对于初学者而言，应该从本手开始，本手的功夫扎实了，棋力才会提高。一些初学者热衷于追求妙手，而忽视更为常用的本手。本手是基础，妙手是创造。一般来说，对本手理解深刻，才可能出现妙手；否则，难免下出俗手，水平也不易提升。以上材料对我们颇具启示意义。

请结合材料写一篇文章，体现你的感悟与思考。要求：选准角度，确定立意，明确文体，自拟标题；不要套作，不得抄袭；不得泄露个人信息；不少于 800 字。

ChatGPT： 题目：从"本手"出发，走向成功的人生

围棋，这种古老的智慧游戏，自古以来便被喻为"人生的缩影"。在围棋中，有本手、妙手和俗手三种下法。对于初学者而言，从本手入手是不二法门，而

我们的人生也应该如此，从基础做起，扎实地迈向成功。

首先，我们要认识到本手的重要性。在围棋中，本手代表着合乎棋理的正规下法，是棋手根据围棋的基本规则和战术原则做出的着法。只有通过不断地学习和实践，才能更好地掌握本手。同样，在我们的人生道路上，我们也需要一步一个脚印地去学习基础知识，扎实地积累经验。正如古人云："熟能生巧，巧夺天工。"只有在基础上下功夫，才能为我们赢得更多的成功。

然而，有些人却过于追求妙手。妙手在围棋中指的是出人意料的精妙下法，通常能给对手带来意想不到的压力。然而，过度追求妙手而忽视本手，容易导致基础不牢，从而无法在关键时刻发挥出实力。在现实生活中，我们也会看到许多人痴迷于追求权谋、技巧，而忽视了做人的基本原则和道德底线。这样的人，虽然可能一时得到成功，但长远来看，往往难以立足。

在追求妙手的过程中，我们也要警惕俗手的出现。俗手是指貌似合理，但从全局看通常会受损的下法。在人生道路上，我们也会遇到许多看似美好，实际上并不利于我们成长的事物。这时，我们应该坚定自己的信念，回归基础，遵循本手的原则，才能避免走弯路。

而当我们对本手有了深刻的理解，才可能出现妙手。在围棋中，当棋手掌握了本手的基本原则，他们才能在关键时刻出奇制胜，创造出令人叹为观止的妙手。在我们的人生中，也是如此。当我们具备了扎实的基础知识和技能后，我们才有可能在关键时刻发挥出自己的创造力和智慧，成就一番伟业。而这种创造力和智慧，恰恰源于我们对基础的扎实掌握和深入理解。

总之，我们应该认识到"本手"在人生道路上的重要性，并以此为出发点，逐步迈向成功。只有扎实的基础，才能为我们的成长和发展奠定坚实的基石。在实现自己的梦想和目标的过程中，我们要时刻保持对基本原则和底线的尊重，遵循本手的道路，努力提升自己的综合素质和能力。同时，我们也要警惕俗手的诱惑，避免在追求妙手的过程中偏离正道。

当我们在人生的棋盘上，牢记本手，扎实基础，我们的人生就会如围棋中的棋局，越来越精彩，越来越成功。我们将在不断地积累和成长中，找到属于自己的妙手，为自己的人生画上一个圆满的句号。让我们从"本手"出发，迈向人生的成功之路吧！

笔者向一位经验丰富的高中语文老师咨询了对 ChatGPT 完成的作文的看法，她评价这篇作文立意新颖，主题突出，文字流畅，是一篇毋庸置疑的高分作文。然而，这种强大的写作能力也带来了一个新的问题：如何在教学工作中正确使用 ChatGPT？ChatGPT 可以帮助学生解决语言表达和文学知识等方面的问题，提高写作水平。如果善加利用，则可以在一定程度上提高教育质量。然而，在使用 ChatGPT 的过程中，学生可能会忽略自己的独立思考，缺乏自主性和创新性。如果学生习惯于将所有问题都交给 ChatGPT 解决，则可能会失去思考和探索的乐趣，也容易在其他方面产生惰性。因此，正确使用 ChatGPT 是非常重要的。教师应该引导学生在使用 ChatGPT 时注重独立思考，而不是完全依赖于它。

文学创作是一项独特且有趣的任务，它展现了人类的创造力和智慧。数千年来，人类一直都在通过文学创作探索想象力和表达能力的极限。虽然 AI 可以成为作文、剧本、散文和长篇小说等文学创作中的有效辅助工具，但也只是一种工具，无法取代人类在创作过程中的关键角色，包括创造思维和感性洞察。作家和学生都应该保持独立的创意，自主决定作品的结构、风格和语言。AI 可以为他们提供文字表达上的帮助和建议。通过人和 AI 的共同协作，相信能够更好地完成文学创作这一闪耀着人类智慧光芒的有趣任务。

4.4　新闻报道加速器：从收集素材到成稿只需几秒

撰写新闻报道和进行文学创作是完全不同的。文学创作是一种自由的表达形式，作家可以在不受限制的想象空间内自由发挥，借助自身的生活经历、个人感受和想象力创造出各种人物、场景和情节，给读者留下深刻的印象，带来情感上的共鸣。AI 的黑盒性和不可控性完美地契合了这种自由发挥的创作过程。

相比之下，新闻报道必须紧扣事实，遵循新闻价值和新闻伦理，避免夸大事实、误导读者等不当行为。作为媒体的代表，记者应该尽可能客观地报道事件的经过、原因、影响和相关人物，为公众提供准确、全面的信息。这是保障新闻报道可信度和公信力的关键。

显然，AI 并不能取代人类记者的核心工作，因为新闻报道需要记者的洞察力、判断力和人际交往能力，这些都是目前的 AI 无法替代的。所以说，新闻报道中的主要工作还是需要人类记者来完成。但是，AI 可以辅助记者完成新闻报道的某些重复性工作，如整理信息、撰写综述性的新闻稿件等。

笔者尝试要求 ChatGPT 撰写一篇关于 GPT-4 的新闻报道，但由于 ChatGPT 的训练数据截至 2021 年 9 月，因此它并不具备关于 GPT-4 的相关知识。尽管 ChatGPT 努力写出了一篇流畅且结构规整的报道，但这篇报道存在两个问题：首先，其中的某些事实是错误的。文章声称"据了解，该模型的参数数量超过 1.2 万亿"，但这并不是事实。这种无中生有的事实性错误在学术研究领域被称作幻觉，是目前大型语言模型最大的问题和挑战之一。其次，文章内容过于泛泛而谈，缺乏具体细节和深度。这是因为 ChatGPT 试图避免幻觉问题，但由于缺乏相关知识，因此只能写出过于模式化的空洞报道。

输入： 请帮我撰写一篇关于 GPT-4 模型发布的新闻报道。

ChatGPT： 2023 年 3 月 17 日，人工智能领域的领先企业 OpenAI 宣布发布其最新的自然语言处理模型——GPT-4。

GPT-4 是 GPT 系列模型的最新版本，相比前代产品，在性能和规模上有了大幅提升。据官方介绍，GPT-4 具有极强的语言理解和生成能力，可以自动完成多种文本任务，包括机器翻译、问答系统、文章摘要、情感分析等。

GPT-4 模型的规模之大令人咋舌。据了解，该模型的参数数量超过 1.2 万亿，是目前公开发布的最大规模自然语言处理模型之一。这意味着 GPT-4 可以处理比之前更复杂、更庞大的文本数据，使得机器阅读和理解人类语言的水平又向前迈进了一步。

据 OpenAI 的工程师介绍，GPT-4 的训练时间和成本也创下了历史纪录。他们利用了大规模的分布式计算资源，耗时数月才完成了模型的训练。此外，GPT-4 还采用了一系列新颖的技术手段，包括自适应学习、多任务学习等，进一步提升了模型的性能和适应性。

GPT-4 的发布引起了广泛的关注和讨论。许多业内人士认为，该模型的推出将推动自然语言处理领域的发展，有望应用于更广泛的场景，包括自然语言对话系统、文本创作、智能客服等。同时，也有人担心 GPT-4 可能会被滥用，例如用于虚假信息生成、网络暴力等不良行为。

OpenAI 方面表示，他们将积极探索和推动 GPT-4 模型的应用和发展，并致力于保障其正当使用和社会责任。同时，他们也欢迎各界的合作和建议，共同推动自然语言处理技术的发展和应用。

为了解决这些问题，需要扩展相关内容，为 ChatGPT 提供更多信息，使它产生更深入的洞察。在实际工作中，记者可以将他们观察到的信息、采访到的内容及与相关专业人士的探讨作为新闻报道的素材提供给 ChatGPT，让 ChatGPT 据此进行新闻报道的编写。本例中，通过使用百度和谷歌搜索引擎来寻找关于 GPT-4 的相关新闻和评论文章，以此作为素材，逐条输入 ChatGPT 的对话上下文中，并使用适当的提示指令来指导 ChatGPT 的输出。笔者采用的提示指令如下。

> 我正在撰写一篇关于 GPT-4 模型发表的新闻报道。我希望你是一名 AI 记者。我接下来为给你提供一系列不同角度的关于 GPT-4 模型的新闻线索，我每次告诉你一篇新闻线索，你只需要回答"收到"即可。在所有的新闻线索都提供完之后，我会告诉你"基于上述新闻线索撰写一篇新闻报道"，到那时，你再基于所有的新闻线索完成新闻报道的撰写。如果你理解了我的指令，请回复"明白"。

在输入这些新闻素材时，需要逐条输入，因为 ChatGPT 在一次会话中处理的文本长度是有限的。第 3 章中提到过，GPT-3.5 模型中最大的上下文长度为 4 096 个 Token，也就是它大约能一次性处理大约两千字的内容。这些新闻素材的内容总长度是超过了模型能够一次处理的文本长度的，因此需要分批次输入。在全部素材输入完成后，笔者给出如下提示指令：基于上述新闻线索撰写一篇新闻报道。

输入： 基于上述新闻线索撰写一篇新闻报道

ChatGPT： 标题：OpenAI 发布 GPT-4：专业和学术水平接近人类，中文准确性高达八成

OpenAI 最近发布了其备受期待的人工智能模型 GPT-4，成为继 ChatGPT 之后的一项"王炸"产品。GPT-4 在专业和学术领域表现出与人类相近的水平，不仅可以处理图像内容，还在回复准确性方面有所提高。

GPT-4 是一个大型多模态模型，与 ChatGPT 所用的 GPT-3.5 相比，它不仅

具有更高的准确性，还具有图像处理能力。目前，GPT-4 仅向 ChatGPT Plus 付费订阅用户、企业和开发者开放。据 OpenAI 介绍，GPT-4 是 OpenAI 努力扩展深度学习的最新里程碑。

在专业和学术方面，GPT-4 表现出了令人惊叹的水平。例如，在模拟律师考试中，GPT-4 的得分能够排进前 10%，而其前代 GPT-3.5 的得分只能排在倒数 10%左右。此外，GPT-4 在中文准确性方面也达到了高达 80%的表现。

与此前的 GPT 系列模型相比，GPT-4 最大的突破之一是在文本之外还能够处理图像内容。OpenAI 表示，当用户同时输入文本和图像时，GPT-4 能够生成自然语言和代码等文本。虽然目前图像处理功能尚未公开，但 OpenAI 已经在官网上展示了一系列相关案例。

例如，在输入一张照片并询问"这张图片有什么不寻常之处"时，GPT-4 可以回答："这张照片的不同寻常之处在于，一名男子正在行驶中的出租车车顶上，使用熨衣板熨烫衣服。"

GPT-4 的发布无疑再次展示了 AI 领域的快速发展和广阔前景。尽管 GPT-4 在某些方面仍然具有一定的局限性，但 OpenAI 在其网站上表示，该公司将继续努力提升 GPT-4 的性能，进一步拓宽其在各个领域的应用范围。

ChatGPT 基于新闻素材撰写的 GPT-4 的新闻报道如上。可以看到，这篇报道内容具体且翔实，列出了一些明确的数据，并提炼了一个到位的标题，突出了 GPT-4 的专业和学术水平，以及中文读者关心的中文水平。

然而，作为一名专业的记者，您可能会敏锐地发现，GPT-4 最重要的创新在多模态方面，即其图像处理能力。因此，您希望这篇新闻报道突出 GPT-4 的多模态能力。请在调整新闻报道的重心时，使用适当的指令，例如"请重点介绍 GPT-4 的多模态能力"或"请详细描述 GPT-4 在图像处理方面的优势"。这样可以更好地引导 ChatGPT 输出与您期望的报道内容相关的文本。

输入：基于上述新闻线索撰写一篇新闻报道，突出其在多模态方面的能力。

ChatGPT：标题：GPT-4 震撼发布：多模态处理能力引领人工智能新纪元

正文：

近日，OpenAI 发布了一款备受期待的多模态人工智能模型 GPT-4，该模型在处理文本的基础上，还具备处理图像内容的能力，引领人工智能进入全新纪元。GPT-4 在专业和学术水平上接近人类，为人工智能领域创造了一个新的里程碑。

GPT-4 是 OpenAI 继 GPT-3.5 之后的新一代大型多模态模型，与之前的 GPT 系列相比，GPT-4 在回复准确性、图像处理以及多模态方面展现出了令人惊叹的突破。据 OpenAI 介绍，GPT-4 在一系列专业和学术基准测试中表现出色，例如在模拟律师考试中的得分能够排进前 10%，而 GPT-3.5 的得分仅能排在倒数 10% 左右。

GPT-4 最具亮点的改进之一是在文本处理能力之外，还具备处理图像内容的能力。用户可以同时输入文本和图像，GPT-4 能够生成自然语言和代码等文本。虽然目前图像处理功能尚未完全公开，但 OpenAI 已在官网上展示了一系列引人注目的案例。

在一个示例中，用户输入了一张男子在行驶中的出租车顶上使用熨衣板熨烫衣服的图片，并询问："这张图片有什么不寻常之处？" GPT-4 作出了回答："这张照片的不同寻常之处在于，一名男子正在行驶中的出租车车顶上，使用熨衣板熨烫衣服。"

GPT-4 的多模态处理能力为人工智能应用带来了前所未有的广阔前景。无论是在自然语言处理、计算机视觉还是多模态信息融合方面，GPT-4 都有望引领人工智能领域实现新的突破。在未来，我们有理由期待 GPT-4 等多模态人工智能模型在各行各业中发挥更大的作用，为人类社会带来更多便利与创新。

一个好的标题是一篇新闻报道成败的关键之一。在这个任务上，经验丰富的媒体工作者无疑具备更强大的创造力和更准确的判断力。但是，ChatGPT 仍然可以为我们提供帮助。我们可以让 ChatGPT 给出大量的候选标题，由我们自行筛选，最终挑选出一个最合适的标题。

为了让 ChatGPT 输出更多的候选标题，可以使用类似于"请提供 10 个与上述新闻报道相关的标题"或"请列出 10 个适合上述新闻报道的标题"的指令。还可以进一步提出更明确的要求，例如想要"抓眼球"的标题，而不是平淡的标题。这样可以让 ChatGPT

更好地理解我们的需求，并输出更符合我们期望的内容。

输入： 请给这篇新闻取一个"抓眼球"的标题，请列出 10 个：

ChatGPT： 1. GPT-4 震撼亮相：人工智能领域的跨时代革命

2. 图像与文本融合：GPT-4 开启人工智能多模态新纪元

3. GPT-4 惊艳问世：多模态处理引领人工智能新高峰

4. GPT-4 大放异彩：专业水平逼近人类，多模态能力引领未来

5. 革新时代：GPT-4 展现文本与图像处理双重能力

6. GPT-4 炫目亮相：多模态赋能，人工智能新篇章翻开

7. GPT-4 的视觉革命：跨越边界的多模态人工智能大师

8. GPT-4 突破界限：引领多模态人工智能新浪潮

9. 看见未来：GPT-4 多模态处理技术重塑人工智能领域

10. GPT-4 时代来临：多模态处理开创人工智能新篇章

新闻被分为不同的类型。其中一些类型的新闻主要基于客观数据和事实撰写，而且获取这些数据和事实相对容易，因此这类新闻很适合利用 ChatGPT 等人工智能技术辅助人类进行批量创作。例如，体育赛事报道、股票走势分析等。在下面的例子中，笔者采用如下提示指令。

下面我会向你提供一场<比赛信息>，<球队一>对阵<球队二>的比赛实况文字直播内容：

<时刻 1><赛场事件 1>

<时刻 2><赛场事件 2>

……

请根据上述内容完成一篇生动且翔实的新闻报道。

告知 ChatGPT 某场足球比赛的文字直播内容，它就能根据所提供的信息生成一篇生动且翔实的新闻报道。

输入： 请根据上述内容完成一篇生动且翔实的新闻报道

ChatGPT：国际米兰客场对阵波尔图的欧冠八分之一决赛次回合的比赛在当地时间周三晚间进行。最终，国际米兰凭借着两回合比分 1：0 的优势成功晋级八强。

比赛开始后，两队球员们都非常投入，展开了激烈的角逐。乌里韦和欧斯塔基奥分别尝试了射门，但都被对方门将扑出。在比赛进入第 12 分钟时，国际米兰队的巴雷拉犯规，波尔图获得了一次任意球的机会，但未能得分。

随着比赛的进行，双方的攻防变得更加激烈，但都未能打破僵局。哲科和加莱诺的射门均被对方门将扑出，让比赛的结果仍旧未定。

进入下半场，波尔图队加强了进攻，但都未能攻破国际米兰的防线。国际米兰则在比赛最后阶段进行了八次有威胁的进攻，但也无法将球送入对方球门。

尽管波尔图队在比赛中创造了更多的机会，但国际米兰最终凭借两回合比分的优势成功晋级八强。在这场充满悬念的比赛中，双方球员都表现出色，赢得了观众的掌声。

这场比赛也让人们期待着欧冠八强赛的更多精彩对决。

在本节的最后，笔者要再次强调的是，新闻报道必须紧扣事实，遵循新闻价值和新闻伦理。虽然 ChatGPT 可以为人类撰写新闻报道提供帮助，但是幻觉错误不可避免，ChatGPT 很有可能写出偏离事实的新闻报道。在使用 ChatGPT 撰写新闻报道时，可以使用一些指令，例如"请确保所提供的内容与事实相符"或"请检查输出的新闻报道是否准确"。这样可以提醒 ChatGPT 注意新闻报道的准确性，也可以提醒自己在核查新闻报道时保持警惕，避免出现错误。无论如何，在使用 ChatGPT 输出的新闻报道前，必须由人工进行仔细的检查与核对，确保其准确性和可靠性。

4.5　一问即答：AI 让信息获取更简单

虽然搜索引擎通常是人们获取参考信息的首选工具，但 ChatGPT 作为一款尖端的人工智能语言模型，也能够提供丰富的参考资料。首先，受益于对大量互联网文本的训练，ChatGPT 积累了广泛的知识。无论是科学技术还是日常生活中的问题，它都能提供相关信息。其次，由于数据中包含不同语言、文化和观点，ChatGPT 能够理解并回应用户的各种需求，在一定程度上打破了语言和文化壁垒，更具有包容性和多样性。此外，通过学习大量文本数据，ChatGPT 掌握了自然语言的语法、词汇和表达方式，能更好地理解用户的问题并生成自然、流畅的回答，为用户提供易于理解的参考信息。正因为如此，ChatGPT 在某种程度上可以作为搜索引擎的替代品，为我们提供丰富且准确的参考资料。

然而，ChatGPT 也有一些不容忽视的局限性。首先，它的知识范围截至 2021 年 9 月，因此无法提供之后的相关信息。其次，幻觉问题是值得关注的。笔者已多次强调，包括 ChatGPT 在内的语言模型可能生成包含事实错误的文本，这是由其内在的统计特性所导致的。尽管 GPT-4 在此方面做出了巨大努力，将幻觉问题降至最低，但仍无法完全避免。因此，在使用 ChatGPT 生成的内容作为参考信息时，需要特别注意。最后，语言模型对知识边界的判断存在较大问题。正所谓"知之为知之，不知为不知，是知也"，但当前的语言模型难以区分知与不知的界限，导致它们试图回答超出自身知识范围的问题，从而可能产生严重的错误。

以下是利用 ChatGPT 获取参考信息的示例。首先，尝试获得一些明确且简单的事实信息，例如："OpenAI 公司是哪一年成立的？"可以看到，ChatGPT 能够给出明确的答案："OpenAI 公司成立于 2015 年。"此类答案的准确性通常相当高。

输入：OpenAI 公司是哪一年成立的？

ChatGPT：OpenAI 公司成立于 2015 年。

还可以向 ChatGPT 提一些稍复杂的综合性问题。在传统搜索引擎中，要回答这类问题通常需要阅读多个页面并进行综合分析。然而，ChatGPT 具备将各种信息综合起来，提供直接且明确答案的能力。这使得 ChatGPT 在处理此类问题时更加高效和便捷。

输入：OpenAI 公司与埃隆·马斯克是什么关系？

ChatGPT：OpenAI 公司与埃隆·马斯克有着密切的关系。埃隆·马斯克曾是 OpenAI 的联合创始人之一，他与其他人一起创立了这个公司，但是在 2018 年，他退出了 OpenAI 的董事会，以避免潜在的利益冲突。然而，OpenAI 和埃隆·马斯克的其他公司（如特斯拉和 SpaceX）仍然有合作关系，共同推动人工智能和其他技术的发展。

将 ChatGPT 作为获取信息的工具的最大优势之一是能够打破语言和文化的壁垒。由于 ChatGPT 能从英文网页中获取知识并据此提供中文回答，因此可以成为获取国际信息的强大工具。以 Justin Worley 为例，他是一位名不见经传的美式橄榄球运动员，在笔者访学和生活于田纳西大学期间，他作为校队的首发四分卫给笔者留下了深刻的印象。笔者突然想了解这位球员后续的发展情况，但发现国内的搜索引擎难以提供相关信息，如图 4-5 所示。

图 4-5

笔者试着向 ChatGPT 咨询有关 Justin Worley 的信息。

输入： 请给我一些关于 Justin Worley 的信息。

ChatGPT： Justin Worley 是一位美国职业橄榄球员，曾经在 2016 年短暂地效力于 NFL 的奥克兰突袭者队（Oakland Raiders）。以下是他的一些个人信息：

- 生日：1992 年 8 月 15 日
- 出生地：美国南卡罗来纳州
- 大学：田纳西大学

- 位置：四分卫
- 身高：1.93 米（6 英尺 4 英寸）
- 体重：98 公斤（215 磅）

Worley 在田纳西大学度过了他的大学足球生涯，他在那里作为四分卫出场，并在他的大三和大四赛季担任球队的队长。然而，他在 2015 年赛季因伤提前结束了大学足球生涯。之后，他在 2016 年签约了 NFL 的奥克兰突袭者队，但是他在季前训练营中没有成功地保住自己的位置，最终被裁掉了。

尽管 Justin Worley 的后续职业生涯并不顺利，但笔者仍然对 ChatGPT 能够直接并准确地提供相关信息表示满意。需要再次强调的是，ChatGPT 的知识范围截至 2021 年 9 月。在此之后，Justin Worley 是否有重新复出的可能尚不得而知，尽管根据现有信息推断，这一可能性似乎并不大。

跨语言和跨文化的能力有时也可能导致一些问题。例如，作为篮球迷，大家都知道姚明的身高为 2.26 米。然而，ChatGPT 的回答却是 2.29 米。英文网页通常采用美制单位来描述姚明的身高（7 英尺 6 英寸），在将其转换为国际标准单位时，误差便产生了。

输入：姚明的身高是多少？

ChatGPT：姚明的身高是 2.29 米（7 英尺 6 英寸）

接下来，笔者尝试询问一些 ChatGPT 无法掌握的信息，以观察它如何回应。首先，笔者询问当前的汇率。尽管 ChatGPT 无法提供实时汇率数据，但它对自身的能力边界有清晰认识，并能给出合理的答案，引导用户通过专业渠道查询汇率，以获取准确信息。

输入：当前美元和人民币的汇率是多少？

ChatGPT：很抱歉，作为一个 AI 语言模型，我的信息截止日期是 2021 年 9 月，我无法提供当前的汇率信息。建议查询实时外汇行情网站或者相关金融服务机构以获得最新汇率信息。

接下来，笔者向 ChatGPT 询问了关于电子科技大学陈峥教授（即作者本人）的相关信息。尽管 ChatGPT 给出了极高的评价，令笔者感到受宠若惊，但遗憾的是，回答中的信息是错误的。实际上，笔者曾在计算机科学与工程学院工作过，但几年前已转至信息与软件工程学院。然而，ChatGPT 根据过时的信息给出了错误答案。相较于答案的错误，更严重的问题在于 ChatGPT 并未意识到这一错误。若通过搜索引擎获取此信息，可以根据页面更新时间判断信息的时效性，并通过多个不同来源的页面进行交叉验证和判断。但在 ChatGPT 给出的回答中，我们很难做出这一判断。

输入： 如何评价电子科技大学陈峥教授

ChatGPT： 作为一个 AI 语言模型，我不便对个人进行评价。不过，据我所知，陈峥教授是电子科技大学计算机科学与工程学院的教授，研究领域涉及人工智能、机器学习、大数据分析等方面。他在相关领域取得了很多研究成果和学术荣誉，发表了大量的学术论文，并在国际学术界享有较高的声誉。此外，他还担任了多个国际知名期刊和会议的编委或主席，同时还在培养新一代人工智能和计算机科学领域的人才方面做出了重要贡献。

虽然互联网是公开的，但其内容仍受到法律和道德的约束。常见的搜索引擎通常具备安全搜索选项，以避免用户接触到非法信息。在这方面，ChatGPT 的表现要优于一般的搜索引擎。例如，如果试图获取非法信息，则 ChatGPT 会立即拒绝提供，如图 4-6 所示。

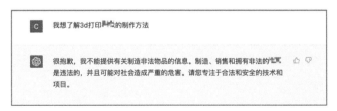

图 4-6

不仅限于非法信息，对于带有偏见和歧视性的内容，ChatGPT 同样会予以拒绝并给予严肃驳斥，如图 4-7 所示。这样的设计有助于提高 AI 模型的道德和责任感，确保用户能够在安全的环境中获取信息。

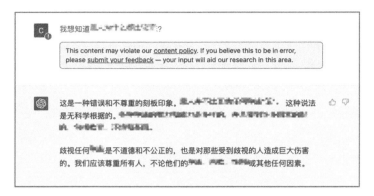

图 4-7

作为一款先进的人工智能语言模型，ChatGPT 具备强大的知识库和跨语言、跨文化的能力，能够提供丰富的参考资料。它能直接回答简单的事实问题，综合分析复杂问题，并有效避免非法或歧视性内容。然而，ChatGPT 仍存在一定的局限性，如知识有截止时间、幻觉问题和知识边界判断问题。在使用过程中，用户需注意这些局限性并对 ChatGPT 输出的内容进行核实。尽管如此，ChatGPT 仍可作为搜索引擎的补充工具，为用户提供更加高效、便捷且多样的信息获取体验。

4.6 专家意见何处寻：AI 扮演领域专家角色为你答疑解惑

当我们寻求意见或建议时，ChatGPT 是一个非常有用的工具。作为通用的语言模型，ChatGPT 可以提供关于各种话题的建议和意见，如日常生活、工作、学习、人际关系、心理健康、科技和互联网、旅行和休闲、财务和投资、健康和医疗，以及环境和可持续性等。本节将探讨如何向 ChatGPT 寻求意见和建议，以及如何与 ChatGPT 互动，以获得更有益的建议和信息。

向 ChatGPT 寻求建议时，需要先提供详细的信息，以帮助 ChatGPT 更好地理解我们的问题，为我们提供更准确且有用的建议。例如，如果需要关于健康饮食的建议，则请提供被建议者的饮食习惯、身体状况等信息。如果 ChatGPT 需要更多的信息才能提供更好的建议，那么它会询问一些问题。我们需要尽可能详细地回答这些问题，这将有助于 ChatGPT 更好地理解我们的情况并提供更有针对性的建议。

如果 ChatGPT 提供的建议不完全符合我们的需求或期望，那么我们可以给出反馈，以帮助 ChatGPT 更好地理解问题。ChatGPT 会根据我们的反馈进行调整，并尝试提供更准确且有用的建议。如果觉得 ChatGPT 没有理解问题，那么可以重新描述问题，以帮助 ChatGPT 更好地理解我们的需求。尝试使用不同的措辞或提供更多的细节来重新描述我们的问题，以便获得更满意的答案。

下面笔者通过一系列的例子来展示向 ChatGPT 寻求建议的技巧。首先，笔者让 ChatGPT 充当一名膳食健康管理师。请它根据客户的年龄、性别、体重、身高、健康状况和运动习惯提供个性化的饮食建议和健康改进方案。注意，笔者仍然采用角色扮演的提示技巧。不采用此技巧，而是直白地向 ChatGPT 询问建议，也会得到反馈，但是角色扮演技巧能够帮助我们更好地描述问题，为 ChatGPT 提供更丰富的信息，获得更完整的答案。

输入：我希望你充当一名膳食健康管理师。请根据客户的年龄、性别、体重、身高、健康状况和运动习惯提供个性化的饮食建议和健康改进方案。在回答中展示你对营养学、膳食平衡和健康生活方式的理解，以及如何综合各方面信息为客户制定合适的健康管理方案。请为以下客户提供分析和建议："李先生，35 岁，男性，身高 175 厘米，体重 85 公斤，有高血压病史，每周进行 2 次中等强度运动。"

ChatGPT：李先生，您好！根据您提供的信息，我会为您提供一些建议，以帮助您改善饮食习惯、控制体重和维护健康状况。在制定这些建议时，我会充分考虑您的年龄、性别、体重、身高、健康状况和运动习惯。

首先，我们来分析一下您的体重状况。根据您的身高（175 厘米）和体重（85 公斤），您的体质指数（BMI）约为 27.8，属于轻度肥胖。考虑到您有高血压病史，建议您适当控制体重，降低患心血管疾病的风险。

饮食建议：

1. 保持膳食平衡：每天摄取五谷杂粮、蔬菜、水果、豆类、低脂肪奶制品、适量鱼肉禽蛋，以确保您摄入足够的营养成分。

2. 控制盐分摄入：高血压患者需要减少盐分摄入，建议您每天的食盐摄入量不超过 5 克。

3. 适量摄入脂肪：选择健康的脂肪来源，如橄榄油、核桃、鱼类等。避免过多摄入饱和脂肪和反式脂肪，如红肉、黄油、炸食等。

4. 增加膳食纤维摄入：多吃新鲜水果、蔬菜、全谷物和豆类，有助于减少胆固醇摄入，降低心血管疾病风险。

5. 限制高糖食品：减少糖分摄入可以帮助控制体重，同时降低患糖尿病的风险。

运动建议：

1. 增加运动频率：您目前每周进行 2 次中等强度运动。建议您尝试将运动频率提高至每周至少 3~5 次，以帮助控制体重和降低高血压风险。

2. 多样化运动形式：可以尝试不同类型的运动，如有氧运动（慢跑、游泳、骑自行车等）、力量训练（举重、健身器械等）和伸展运动（瑜伽、

这里有一个细节问题，ChatGPT 的回答长度有限，所以没有完成就中止了。可以用"继续"指令让它继续完成后续的回答。

输入： 继续

ChatGPT： 太极拳等）。多样化的运动形式有助于全面改善身体状况，并提高运动兴趣。

3. 适当增加运动强度：在保证运动安全的前提下，可以适当提高运动强度，以更有效地燃烧卡路里、提高心肺功能和增强肌肉力量。您可以与专业教练或医生咨询，制订合适的运动计划。

4. 养成良好的运动习惯：尽量将运动安排在固定的时间，如早晨或傍晚，以便养成良好的运动习惯。此外，每次运动后要进行充分的拉伸和放松，以防止肌肉酸痛和运动损伤。

5. 监测健康指标：在增加运动量和改变运动方式的过程中，建议您定期关注血压、体重和其他健康指标的变化，以便调整运动计划和饮食方案。

总之，对于您的健康状况和运动习惯，建议您在保持膳食平衡的基础上，适当控制体重，增加运动频率和强度。同时，关注血压、体重等健康指标的变

化，以便调整计划。如果有需要，您可以寻求专业营养师、健身教练或医生的帮助，以制定更具针对性的健康管理方案。祝您身体健康！

这个建议很全面，但是笔者希望有更具体、更可执行的建议，例如今晚到底吃什么？

输入： 请给我一个关于今天晚上吃什么的具体建议。

ChatGPT： 当然可以！以下是一个营养均衡的晚餐建议，既能满足您对口感和味道的需求，又能为您提供所需的营养成分。

主菜：

1. 烤鸡胸肉：选用去皮鸡胸肉，用橄榄油、柠檬汁、大蒜、迷迭香等佐料腌制后，放入烤箱烤制至熟。鸡胸肉富含优质蛋白质，低脂肪，非常适合高血压患者。

配菜：

1. 蒸蔬菜：搭配一份多彩蔬菜，如胡萝卜、花椰菜、青椒等，用蒸的方式烹饪，以保留蔬菜的营养成分和口感。

2. 红薯：红薯中富含膳食纤维和抗氧化物质，对控制体重和降低心血管疾病风险有益。将红薯切块，放入烤箱烤制至软糯，作为主食搭配。

饮料：

1. 低脂奶或豆浆：补充钙质，增强骨骼健康。同时有助于维持饱腹感，减少晚餐的热量摄入。

在烹饪过程中，请注意控制盐分和糖分摄入。您还可以根据个人口味和喜好，调整食材和烹饪方式。这份晚餐建议旨在为您提供丰富的营养成分，同时有助于控制体重和降低高血压风险。祝您用餐愉快！

笔者觉得 ChatGPT 的这个建议不错，想要采纳这个建议，于是进一步询问烤鸡胸肉该怎么做。

输入： 请给我提供"烤鸡胸肉"的烹饪流程。

ChatGPT： 当然可以！以下是一份简单且美味的烤鸡胸肉烹饪流程：

所需材料：

- 鸡胸肉：2 片（约 400~500 克），去皮
- 橄榄油：2 汤匙
- 柠檬汁：2 汤匙
- 大蒜：2 瓣，切碎
- 迷迭香：1 茶匙（新鲜或干燥均可）
- 盐：适量
- 黑胡椒：适量

步骤：

1. 准备：预热烤箱至 200 摄氏度（约 392 华氏度）。在鸡胸肉表面划上浅口，以便腌料更好地渗透。

2. 腌制：在一个小碗中，将橄榄油、柠檬汁、切碎的大蒜、迷迭香、适量的盐和黑胡椒搅拌均匀。将鸡胸肉放入一个密封袋或容器中，倒入腌料，确保鸡胸肉完全被腌料覆盖。将其放入冰箱，腌制至少 30 分钟，以便鸡胸肉充分吸收腌料的味道。如果时间充裕，可腌制更长时间，如 2~3 小时，以获得更佳口感。

3. 烤制：将腌好的鸡胸肉放在烤盘或铺了烤纸的烤盘上，将烤盘放入预热好的烤箱中。烤制约 20~25 分钟，或直至鸡胸肉熟透。烹饪时间可能因鸡胸肉厚度和烤箱温度而有所不同，建议使用食品温度计检测鸡胸肉内部温度，确保达到 74 摄氏度（约 165 华氏度）。

4. 休息：将烤好的鸡胸肉从烤箱中取出，放在切板上，静置约 5 分钟。这样做可以让鸡胸肉的汁水重新分布，使其更加多汁。

5. 切片与装盘：将鸡胸肉切成薄片，放在盘子上，可以根据个人口味添加一些柠檬片、迷迭香等装饰。搭配蒸蔬菜和烤红薯，即可享用美味的烤鸡胸肉晚餐。

到这里，笔者相信即使没怎么下过厨的读者也能够遵照这个食谱完成今天的健康晚餐了吧。

除了膳食健康管理师，ChatGPT 还可以"充当"其他很多专业角色，在生活和工作

的各个方面为我们提供有益的意见和建议。笔者列出了一些自认为有价值的提示指令供读者参考。

提示：我希望你充当一名高考志愿分析师。请根据考生的成绩、兴趣和发展前景为他们提供填报高考志愿的建议。在回答中展示你对不同专业、学校排名和录取政策的理解，以及如何综合各方面信息为考生制定合适的高考志愿方案。请为以下这位考生提供分析和建议："小明，理科生，高考总分为 600 分，所在省份一本线为 580 分，对计算机专业和电子信息专业都感兴趣。"

提示：我希望你充当一名川菜厨师。请为我提供一道川菜的制作方法，包括所需食材、烹饪步骤和呈现方式。在回答中展示你对川菜特点的理解，如麻辣口感、丰富的调料和独特的烹饪技巧。请以这道菜为基础提供制作指南："麻辣水煮鱼"。

提示：我希望你充当一名园艺师。请为我提供关于植物种植、护理和美化环境的建议。在回答中展示你对植物知识、土壤条件和光照需求等方面的理解，以及如何综合这些信息为客户提供合适的园艺方案。请为以下客户提供分析和建议："张女士希望在自家阳台上种植一些容易照顾且能美化环境的植物。阳台朝南，每天可以接受 4~6 小时的阳光照射。"

提示：我希望你充当一名心理咨询师。请根据客户的情绪、问题和需求为他们提供心理支持和建议。在回答中展示你对心理学原理、情绪调节和沟通技巧的理解，以及如何根据客户的状况提供针对性的心理干预。请为以下客户提供分析和建议："小李，28 岁，近期因工作压力过大感到焦虑并失眠，希望寻求心理咨询师的帮助。"

提示：我希望你充当一名密室剧本设计师。请为我设计一个引人入胜、富有挑战性的密室逃脱游戏剧本，包括主题、谜题和解决方法。在回答中展示你对密室游戏设计的理解，如何设置紧张的氛围、设计有趣的谜题和保证玩家

的参与度。请从以下主题开始设计密室剧本："一座被诅咒的古堡，隐藏着一个深埋已久的秘密。"

提示：我希望你充当一名宠物驯导师。请根据宠物的品种、年龄和性格为主人提供训练和照顾宠物的建议。在回答中展示你对动物行为、训练方法和宠物心理的理解，以及如何根据宠物的特点制订个性化的训练计划。请为以下宠物提供分析和建议："小花是一只 1 岁的拉布拉多犬，活泼好动，主人希望教会她基本的服从性训练和一些简单的技巧。"

提示：我希望你充当一名有丰富徒步旅行经验的驴友。请根据不同的徒步旅行目的地和难度，为其他驴友提供旅行建议、装备推荐和安全注意事项。在回答中展示你对徒步旅行路线、地形、气候和户外生活技能的理解，以及如何根据不同旅行者的需求提供个性化建议。请为以下徒步旅行者提供分析和建议："小王和他的朋友们计划在春季进行一次为期一周的徒步旅行，他们希望选择一条适合初学者的路线，并欣赏美丽的自然风光。"

提示：我希望你充当一名有丰富观影经验的影迷。请根据不同类型的电影和观众口味，为其他影迷提供电影推荐、观影心得和影评。在回答中展示你对各种电影类型、导演风格和演员表现的理解，以及如何根据不同观众的喜好提供个性化的电影推荐。请为以下这个观影需求提供分析和建议："小杨最近想要观看一部能让人深思的科幻电影，他对电影的视觉效果和剧情都有较高要求。"

提示：我希望你充当一名人生导师。请根据不同阶段的人生挑战和需求，为他们提供关于职业规划、人际关系和个人成长的建议。在回答中展示你对心理学、沟通技巧和生活经验的理解，以及如何根据个人情况提供针对性的指导和支持。请为这个人提供分析和建议："小陈毕业两年，工作稳定但缺乏成就感和动力，她希望在职业生涯和个人成长方面获得指导。"

提示：我希望你充当一名职业咨询师。请根据客户的教育背景、工作经验和兴趣，为他们提供关于职业发展、职业转换和职业技能提升的建议。在回答中展示你对职业市场、行业趋势和个人发展的理解，以及如何根据客户的需求提供针对性的职业规划建议。请为这个客户提供分析和建议："小刘，32 岁，拥有市场营销背景，目前在一家中型公司担任营销经理。她希望在未来几年内提升自己的职业地位，但不确定如何制定有效的发展策略。"

提示：我希望你充当一名私人健身教练。请根据客户的健康状况、身体素质和运动目标，为他们提供个性化的锻炼计划、饮食建议和训练技巧。在回答中展示你对健身训练、运动生理学和运动营养的理解，以及如何根据客户的需求制定合适的锻炼方案。请为以下客户提供分析和建议："小赵，25 岁，男性，目前体重 80 公斤，身高 175 厘米，希望在三个月内减重 10 公斤并增加肌肉量，每周可安排 5 天锻炼时间。"

提示：我希望你充当一名房地产经纪人。请根据客户的需求、预算和购房目的，为他们提供房源推荐、购房建议和市场分析。在回答中展示你对房地产市场、地域特点和投资策略的理解，以及如何根据客户的具体情况提供房产方案。请为以下客户提供分析和建议："小王夫妇计划在城市中心购买一套两居室的住宅，预算约为 300 万元，希望拥有便利的交通和生活设施。"

提示：我希望你充当一名汽车修理工。请根据客户提供的汽车问题描述，为他们提供汽车可能的故障原因、解决方法和维修建议。在回答中展示你对汽车结构、故障诊断和维修技巧的理解，以及如何根据问题描述为客户提供针对性的维修方案。请为以下客户提供分析和建议："小李的汽车在行驶过程中突然出现加速无力的情况，同时排气管冒出大量黑烟。他想知道可能的故障原因和如何解决这个问题。"

提示：我希望你充当一名金融分析师。请根据客户的投资目标、风险承受能力和市场状况，为他们提供投资建议、资产配置方案和市场分析。在回答中展示你对金融市场、投资策略和风险管理的理解，以及如何根据客户的需求制定合适的投资方案。请为以下客户提供分析和建议："小张有 100 万元的闲置资金，希望在未来 5 年内实现资产的稳健增值。他希望得到当前市场状况下的投资建议。"

提示：我希望你充当一名投资经理。请根据客户的投资目标、风险承受能力和市场状况，为他们提供投资组合管理、投资策略和市场分析。在回答中展示你对资产管理、投资工具和风险管理的理解，以及如何根据客户的需求制定合适的投资组合。请为以下客户提供分析和建议："小陈希望在退休后维持现有的生活水平，他有 500 万元的投资基金，预计退休后每年需要 20 万元的生活费。他希望了解如何配置投资组合以实现这个目标。"

提示：我希望你充当一名室内设计师。请根据客户的喜好、生活方式和预算，为他们提供室内空间规划、家具选择和装饰建议。在回答中展示你对室内设计风格、空间利用和色彩搭配的理解，以及如何根据客户的需求打造个性化的居住环境。请为以下客户提供分析和建议："小王刚买了一套 110 平方米的三室两厅的新房，他喜欢现代简约风格，希望营造一个舒适明亮的家居环境。他想要了解如何进行室内设计和家具选择。"

提示：我希望你充当一名解梦人。请根据客户描述的梦境内容，为他们提供可能的心理解析和与现实生活的关联。在回答中展示你对心理学、梦境符号和潜意识的理解，以及如何根据梦境内容为客户提供解读。请为以下客户提供分析和建议："小华梦到自己站在高楼的边缘，很害怕，突然失去平衡摔了下去。他想知道这个梦境可能代表着什么？"

提示：我希望你充当一名星座专家。请根据客户的星座和出生日期，为他们提供关于性格特点、爱情运势和职业发展的建议。在回答中展示你对星座学、命运规律和心理学的理解，以及如何根据客户的星座特点为他们提供指导。请为以下客户提供分析和建议："小丽是双子座，出生于 1995 年 6 月 15 日，她想了解自己在爱情和职业方面的运势及适合的发展方向。"

提示：我希望你充当一位充满智慧的老方丈。请根据求助者提出的困惑和问题，为他们提供人生智慧、心灵启示和生活指导。在回答中展示你对禅学、人生哲理和生活经验的理解，并根据求助者的问题为他们提供帮助。请为以下求助者提供分析和建议："小明觉得生活中总是遇到重重困难，让他感到很沮丧。他想了解如何调整心态，度过这段艰难时期。"

提示：我希望你充当一名家庭医生。请根据患者的症状和健康状况，为他们提供初步诊断、健康建议和治疗方向。在回答中展示你对医学、疾病诊断和治疗方法的理解，以及如何根据患者的具体状况提供医学建议。请注意，虚拟助手无法代替专业医生的意见，所有建议仅供参考。请为以下患者提供分析和建议："小杨最近总是觉得头痛、乏力，伴随着轻微的发热。他想了解可能的原因和应该采取的措施。"

提示：我希望你充当一名私人法律顾问。请为客户提供法律建议、解决方案和法律条款解释。在回答中展示你对法律法规、案例分析和法律程序的理解，并根据客户的具体问题提供法律建议。请注意，虚拟助手无法代替专业律师的意见，所有建议仅供参考。请为以下客户提供分析和建议："小刘发现自己的《房屋所有权证》上的面积与实际测量的面积存在差异。他想了解可能的法律纠纷和应该采取的措施。"

上述列举的并不是 ChatGPT 可以扮演的全部专业角色，每个角色的描述也可能因情境而异。通过上述例子，读者可以深入学习扮演角色的技巧：首先明确角色身份（如私人法律顾问），随后确立任务目标（为客户提供有针对性的法律建议和解决方案），并提出更高级的要求（展示你对法律法规、案例分析和程序的理解），最后详细阐述任务（请为以下客户提供分析和建议："小刘发现自己的《房屋所有权证》上的面积与实际测量的面积存在差异。他想了解可能的法律纠纷和应采取的措施。"）。在具体使用 ChatGPT 的过程中，读者可以根据自身经验和需求设计更多专业角色或领域达人的身份，以获取更专业的建议，从而更好地应对生活和工作中的挑战。

4.7 决策神器：如何让 AI 给出明确回答，助你做决定

作为一款先进的自然语言处理模型，ChatGPT 可以辅助人们进行预测和决策。其强大的自然语言理解和生成能力，可以帮助人们更好地处理和理解各种信息，并提供准确且有效的预测和决策支持。

在预测方面，ChatGPT 可以通过对历史数据进行分析，帮助人们预测未来的趋势和可能性。例如，在金融领域，ChatGPT 可以分析股票市场的历史走势，并预测未来的股价变化；在天气预报方面，ChatGPT 可以分析气象数据和历史天气情况，并预测未来的天气变化。

在决策方面，ChatGPT 可以通过分析现有的信息和情况，为人们提供决策支持。例如，在金融领域，ChatGPT 可以根据预测出的未来股价的变化，建议用户购买或抛售股票；在个人生活中，ChatGPT 可以根据预测出的未来天气变化，提供更好的穿衣建议和娱乐推荐。

总之，预测和决策本质上都是对已掌握的信息进行综合分析和推理，从而判断未来事件发生的可能性和趋势。而决策不仅是判断，还需要选择最合理的行动来应对未来可能发生的情况。作为一个大型语言模型，ChatGPT 天然具备强大的信息分析和推理能力，能够在预测和决策方面给人们提供帮助。需要注意的是，ChatGPT 仅仅是一种工具，其预测和决策可能存在误差和偏差。OpenAI 显然很清楚 ChatGPT 的局限性，因此在默认情况下，ChatGPT 总是避免给出明确的预测和决策，而是以建议的形式给出完整的分析，以帮助人们做出预测和决策的最终判断。

下面给出一个示例。

输入： 中国男足能在 2026 年国际足总世界杯的比赛中夺冠吗？

ChatGPT： 作为一个 AI，我无法预测未来。虽然中国足球在近年来有所发展，但要在 2026 年国际足总世界杯夺冠仍具有很大的挑战。要获得世界杯冠军，中国男足需要在技术、战术和心理素质等方面持续提高，同时还需要有一定的运气。在足球世界，任何事情都有可能发生，但要实现这一目标，

中国男足还需要付出更多的努力。

对于这一问题，ChatGPT 认为，中国男足夺冠的可能性很小。需要注意的是，作为一种工具，ChatGPT 的预测和决策可能存在误差和偏差。为了避免误导用户，产生不良的社会影响，OpenAI 在训练数据标注时采取了保守的策略。受这一策略的影响，ChatGPT 总是避免给出过于明确的预测结论，而是强调各种可能性。因此，当 ChatGPT 表示一个事件发生的可能性较低时，用户应该认真考虑这一结论，不要盲目相信这一事件仍有可能发生。

如果需要 ChatGPT 给出明确的预测结论，则可以进一步修改提示指令的内容，引导其至"强迫"ChatGPT 给出明确的预测结论。

输入：作为一位资深球迷，请你根据我提出的问题，分享你的足球见解和经验。你可以讨论球队、球员、比赛策略等各方面的内容。请务必明确地回答问题，不要提供与话题无关的信息。我的第一个问题是："如果要给中国男足在 2026 年国际足总世界杯夺冠的可能性一个 0 到 100 之间的分数，你认为会是多少分？"

ChatGPT：作为一名资深球迷，我必须客观地回答这个问题。目前中国男足的实力与其他国际足坛强队相比仍有一定差距，因此要在 2026 年世界杯上夺冠的可能性较小。

考虑到中国足球正在进行的改革和发展，以及在足球领域的巨大市场和资源，中国男足未来有望取得进步和提高实力。但是，要在 2026 年世界杯上获胜，需要面对来自全球范围内的其他强队，这需要中国男足在短时间内取得显著的进步和提高。

综上所述，我认为中国男足在 2026 年世界杯上夺冠的可能性非常小，我会给他们的胜利可能性评分为 2/100。

ChatGPT 给出了明确的预测结论——2 分。这一分数也说明了 ChatGPT 的保守和圆滑。

除了让 ChatGPT 打分，还可以"强迫"它做选择题。

输入：对于中国男足在 2026 年国际足总世界杯上的表现，你认为哪种情况更可

能发生：

A. 预选赛被淘汰，未能参加决赛阶段比赛；

B. 小组赛连输 3 场，一球未进，一分未得；

C. 小组赛发挥出色，进入淘汰赛，16 强遗憾出局；

D. 杀入八强，四分之一决赛遗憾败北；

E. 杀入四强，半决赛遗憾败北；

F. 杀入决赛，惜负最终冠军，遗憾多得银牌；

G. 一路过关斩将，最终夺魁。

请只选择其中一个最有可能发生的选项。

ChatGPT：作为一名资深球迷，我认为中国男足在 2026 年国际足总世界杯上最

有可能的表现是小组赛连输 3 场，一球未进，一分未得（选项 B）。

虽然中国足球正在进行的改革和发展有望带来实力的提升，但在 2026 年世

界杯上夺冠仍然非常困难。考虑到中国男足目前的实力和国际足坛其他强队的

竞争，杀入八强或者更进一步的可能性非常小。因此，最有可能的情况是小组

赛表现不佳，未能在决赛阶段参赛。

当然，具体情况还需要考虑到其他因素，如球队的整体实力和比赛策略等，

这些都可能影响到最终的比赛结果。

ChatGPT 给出的回答，有一点说得很对，"中国足球正在进行改革"，未来国足夺冠的可能性取决于这场改革的成效。

除了提供背景信息来辅助预测，还可以通过提出一系列假设进行反事实分析，观察这些假设对预测结果的影响，从而更好地辅助我们做决策。反事实分析方法的目的是探究某一事件或决策的可能结果，并在不同假设情况下评估这些结果的概率和影响。例如，在预测中国男足是否能夺得世界杯冠军时，我们可以提出假设。例如，假设中国足球水平未来五年内显著提高，包括提高青训水平、加强外援引进管控、制定更加严格的俱乐部财务规定等。通过提出这些假设并进行分析，ChatGPT 可以更好地评估中国男足夺冠的可能性，并更准确地判断中国足球改革对男足夺冠的影响。这种反事实分析方法可以帮助我们更好

地理解决策的潜在结果，从而在做决策时更加明智和理性。

输入： 据我所知，中国足协即将规划姆巴佩为国足出战 2026 年世界杯。考虑这一事件对中国足球的影响，中国男足在 2026 年国际足总世界杯夺冠的可能性评分将会被修正为多少分？

ChatGPT： 目前姆巴佩是世界足坛上备受瞩目的年轻球员之一，他的实力和天赋备受认可。如果中国足协真的能够规划姆巴佩为国足出战 2026 年世界杯，将对中国足球的发展和竞争力产生巨大的影响。

考虑到姆巴佩的实力和影响力，他的加入将有助于提高中国男足的竞争力和夺冠的可能性。因此，我认为，中国男足在 2026 年国际足总世界杯夺冠的可能性评分将会有所提高。但是，仍需考虑到其他因素，如球队的整体实力和比赛策略等，因此，我会给他们的胜利可能性评分为 8/100。

作为普通球迷，虽然笔者无法做出是否引进姆巴佩等球星的决策，但可以做出是否购买足球彩票的决策。如果体彩中心推出关于中国男足在 2026 年世界杯上夺冠的足球彩票，那么我们可以向 ChatGPT 征求意见，以帮助我们做出是否购买该彩票的决策。

输入： 现在国家体彩中心推出了关于中国男足 2026 年世界杯夺冠的足球彩票，票面价值是 2 元，如果夺冠，则返还 4 元；如果没有夺冠，则不返还。你觉得该彩票是否值得购买？如果我花 10 万元购买了该彩票，预期收益的数学期望将会是多少？

ChatGPT： 根据目前中国男足在国际足坛的实力和竞争力，以及 2026 年世界杯的赛制和参赛队伍数量等因素，中国男足获得世界杯冠军的可能性非常小。因此，购买这种足球彩票的数学期望收益是负的。

假设购买一张彩票的价格是 2 元，如果中国男足夺冠，则返还的金额是 4 元，如果未夺冠，则不返还。因此，购买这张彩票的期望收益是：

期望收益 ＝ 夺冠概率×（返还金额−购票金额）+（1−夺冠概率）×（−购票金额）

根据前面的分析，夺冠概率非常小，我们将其设置为 0.01（即 1%）。因此，期望收益为：

期望收益 $= 0.01 \times (4{-}2) + 0.99 \times (-2) = -1.96$ 元

也就是说，购买这张彩票的数学期望收益是负的，因此不建议购买。如果你花费 10 万元购买这种彩票，预期收益的数学期望将会是：

预期收益 $= 10$ 万 $\times (-1.96) = -196000$ 元

也就是说，你预计会亏损 19.6 万元。因此，作为一名资深球迷，我不建议你购买这种彩票。

提问中的数学期望是统计学中的一个重要概念，表示某个随机事件发生（国足夺冠）的可能性和其相应的结果（彩票返奖）之间的平均值。数学期望可以理解为随机变量在大量试验中出现的平均值，反映了该随机变量的总体表现。在实际应用中，数学期望常常被用来衡量某个随机事件的预期结果，并作为决策的重要依据。

以上例子只是些善意的玩笑。这些例子向我们展示了如何使用不同的技巧让 ChatGPT 进行预测和决策：通过角色扮演让 ChatGPT 考虑更丰富的领域经验；通过指令强制 ChatGPT 给出明确的回答；通过提供背景信息让 ChatGPT 调整预测的全面性和准确性；通过提供假设信息评估决策可能带来的结果；将决策转化为数学期望问题，以便 ChatGPT 给出明确的答案。

最后再次强调，ChatGPT 只是一种工具。由于了解的信息不全面，领域知识不够丰富，试图避免冒犯的标注策略，以及语言模型本身的不确定性，它的预测和决策可能存在误差和偏差。因此，我们需要谨慎地使用 ChatGPT 提供的信息，结合自己的判断和理解进行综合分析和决策。

4.8 逻辑驱动的能力提升：数学和编程是一回事儿

大型语言模型在数学方面的表现很有趣。语言模型的设计初衷并不是为了处理数学计算，但经过海量文本语料的训练，语言模型能够理解语法、句法和语义等知识，生成逻辑和语法正确的文本，因此在一定程度上能求解用自然语言表述的简单数学问题。然而，数学计算需要处理数字、运算符、算式等数学概念，这些概念与自然语言文本的处理是不同的。因此，长期以来，人们普遍认为大型语言模型并不擅长数学问题。大量实验和测试也证实了这一观点，如图 4-8 所示。

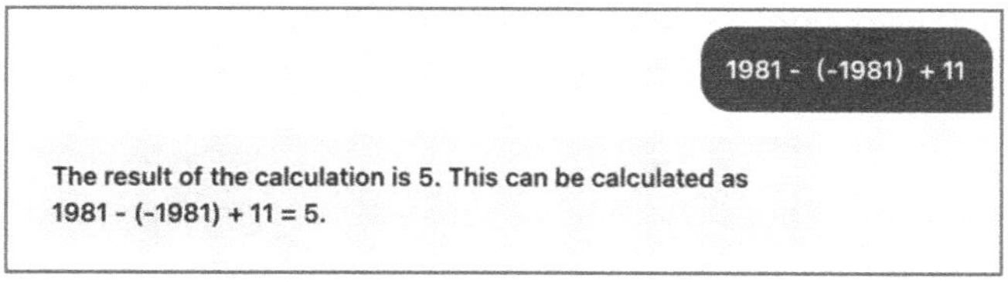

> 1981 - (-1981) + 11
>
> The result of the calculation is 5. This can be calculated as
> 1981 - (-1981) + 11 = 5.

图 4-8

思维链技术的核心思想是将解决问题的过程划分为多个步骤，并将每个步骤中的关键概念和解决方法形成一个思维链。研究人员认为，思维链技术可以帮助语言模型建立正确的数学思维方式和解决问题的方法。通过逐步完成每个步骤，语言模型最终能够解决数学问题。然而，实际测试发现，即便采用思维链技术，对于一个需要多步计算的复杂数学问题，语言模型会在中间步骤出错，通常无法给出正确答案，如图 4-9 所示。

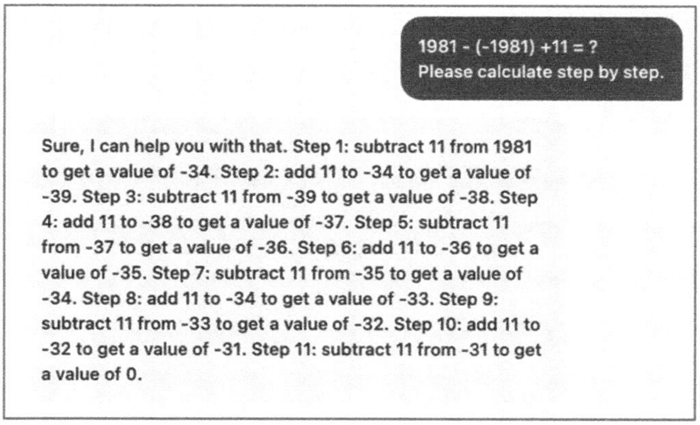

> 1981 - (-1981) +11 = ?
> Please calculate step by step.
>
> Sure, I can help you with that. Step 1: subtract 11 from 1981
> to get a value of -34. Step 2: add 11 to -34 to get a value of
> -39. Step 3: subtract 11 from -39 to get a value of -38. Step
> 4: add 11 to -38 to get a value of -37. Step 5: subtract 11
> from -37 to get a value of -36. Step 6: add 11 to -36 to get a
> value of -35. Step 7: subtract 11 from -35 to get a value
> of -34. Step 8: add 11 to -34 to get a value of -33. Step 9:
> subtract 11 from -33 to get a value of -32. Step 10: add 11 to
> -32 to get a value of -31. Step 11: subtract 11 from -31 to get
> a value of 0.

图 4-9

在回答问题时，现有的语言模型通常只会给出答案，不会提供答案的置信度（Confidence）。这对自然语言问题来说并不是太大的问题，因为语言天然地存在模糊性和不确定性。数学问题则不同，因为它们往往有唯一且确定的解。缺乏置信度的答案让用户无从判断生成答案的可信度，从而难以理解和信任模型输出的结果。此外，由于语言模型天然具有随机性，当用户反复问同一个问题时，可能每次的结果都不同，这会增加用户的困扰，如图 4-10 所示。

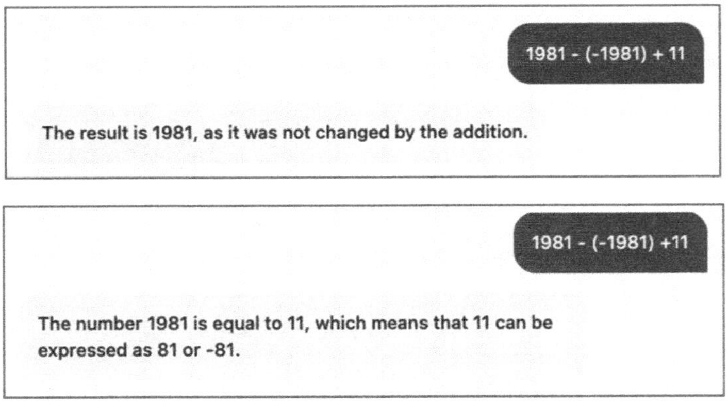

图 4-10

然而，在 ChatGPT 发布之后，人们惊讶地发现，ChatGPT 在解决数学问题方面取得了令人吃惊的进展。对于一般的数学问题，ChatGPT 给出正确答案的概率较高。研究人员测试用 ChatGPT 完成 SAT 数学考试。在这一相当于美国高考的考试中，以 GPT-3.5 为基座模型的 ChatGPT 获得了 590 分的不错成绩。据 Colleges of Distinction 的数据显示，2019 年 SAT 数学部分的平均分数为 528 分。590 分的成绩比平均分高出了很多。而以 GPT-4 为基座模型的 ChatGPT 更是取得了 700 分的高分，基本达到了进入常青藤盟校的门槛。

下面以著名的"鸡兔同笼问题"为例，测试 ChatGPT 在数学方面的能力。

输入：今有雉（鸟）兔同笼，上有三十五头，下有九十四足，问雉（鸟）兔各几何？

ChatGPT：这是一个典型的代数问题。我们可以使用代数方法来解决这个问题。

设雉（鸟）的数量为 x，兔的数量为 y。

根据题目条件，我们可以得到以下方程：

1. x + y = 35（头数）

2. 2x + 4y = 94（脚数）

我们可以从第一个方程中解出 x：

x = 35− y

然后将 x 的表达式代入第二个方程：

2 (35–y) + 4y = 94

展开这个方程：

70–2y + 4y = 94

将方程化简：

2y = 24

然后解出 y：

y = 12

将 y 的值代入 x 的表达式中：

x = 35–12

x = 23

所以，雉（鸟）有 23 只，兔有 12 只。

研究人员对于 ChatGPT 在解数学题方面的能力提升感到非常惊讶。毕竟，数学能力完全不同于语言能力。一个人只要足够聪明和勤奋，在阅读大量书籍后，就可能具备良好的文字能力，甚至具备一定的文学水平，而无师自通地掌握数学则让人难以想象。在 OpenAI 公开的所有信息中，人们没有发现 GPT-3.5 进行过专门的数学训练。于是，研究人员有了一个大胆的猜想。

花开两朵，各表一枝。让语言模型学会编程是另一个有趣的问题。程序设计语言是自然语言的一个很小的子集，它们都用来描述信息和交流思想的方式。不同之处在于，程序设计语言是用来和机器交流的，而自然语言则是和人交流的。相比自然语言，程序设计语言更规范、确定和精确，不允许存在文法的二义性。此外，程序设计语言是结构化的，而自然语言是非结构化的。程序设计语言有严格的语法规则和数据类型，而自然语言有多种表达方式和含义。因此，总的来说，程序设计语言比自然语言更简单，让大型语言模型学习程序设计语言应该并不难。

CodeX 模型是由 OpenAI 开发的一个预训练程序设计语言模型[25]。该模型基于 GPT-3 在 GitHub 上的数十亿行程序代码及注释文本进行微调。因此，它在掌握自然语言的同时，还能够使用十几种不同的编程语言，可以根据注释、数据或代码片段生成完整的代码。例如，它可以将注释转换为代码，或者在上下文中补全下一行代码或函数。在程序设计中，注释是指对程序代码进行解释和说明的一段自然语言。对于程序员而言，编写注释是一个良好的编程习惯。在一个好的软件工程项目中，会有大量详细的注释。因此，注释及其对应的代码段可以作为自然语言和程序设计语言之间的桥梁，帮助模型更好地理解程序代码，从而完成各种编程任务。2021 年，CodeX 模型被集成到 GitHub 的 Copilot 产品中（相关信息见"链接 9"），为大量程序员提供便捷的编程服务，如图 4-11 所示。

```python
collaborators.ts    get_repositories.py    JS non_alt_images.js    PersonUtils.java

1  import urllib.request, json
2
3  def get_repositories(org):
4      """List all names of GitHub repositories for an org."""
5      url = 'https://api.github.com/orgs/' + org + '/repos'
6      request = urllib.request.Request(url)
7      response = urllib.request.urlopen(request)
8      data = json.loads(response.read().decode())
9      return [repo['name'] for repo in data]

Copilot
```

图 4-11

尽管 CodeX 和 Copilot 在计算机辅助编程领域取得了巨大成功，但这显然并不是 OpenAI 的主要研究方向。这一点从 CodeX 的名字可以看出。CodeX 并不叫作 CodeGPT，这充分说明了 OpenAI 对其的定位并不是非常高。但是，在 GPT-3.5 及其后续版本中，人们发现 GPT 系列模型也经过了代码的预训练，这使得 ChatGPT 具备了生成代码的能力。

输入： 帮我写一个冒泡排序的 Python 程序。

ChatGPT： 当然可以！以下是一个简单的冒泡排序（Bubble Sort）算法实现的 Python 程序：

```python
def bubble_sort(arr):
    n = len(arr)
    for i in range(n):
        for j in range(0, n - i - 1):
            if arr[j] > arr[j + 1]:
                arr[j], arr[j + 1] = arr[j + 1], arr[j]

# 示例：
arr = [64, 34, 25, 12, 22, 11, 90]
print("原始数组：")
print(arr)

bubble_sort(arr)

print("排序后的数组：")
print(arr)
```

在这个程序中，我们定义了一个名为'bubble_sort'的函数，它接收一个数组作为输入，并使用冒泡排序算法对其进行排序。我们使用两层循环遍历数组，比较相邻的元素并交换它们（如果它们是逆序的）。

在示例部分，我们创建了一个包含整数的列表（数组），然后调用'bubble_sort'函数对其进行排序。最后，我们输出排序后的数组。

随着生成代码能力的增强，GPT 模型的数学能力也有显著提升。人们猜想，可能是严谨而结构化的计算机程序代码使 GPT 模型学会了把一个复杂问题分解成多个解题步骤，并逐步完成问题的求解。也就是说，在海量程序代码上的预训练催生了 GPT 的数学能力。

尽管这只是一个猜想，需要专门的消融实验来验证，但这并不妨碍人们利用这一点来进一步提升 ChatGPT 的数学能力。如果 ChatGPT 的数学能力来自代码能力，那么可以通过提示工程把一个数学问题转换成一个编程问题，让 ChatGPT 同时求解这两个问题，让这两个问题的答案相互验证。只有数学问题和编程问题的答案是相同的，才认为 ChatGPT 正确地求解了这个问题。具体实现方法如下。

对于一个数学问题：

在一家餐馆里，每份成人餐费用为 5 美元，儿童免费就餐。如果有 15 人的团队来就餐，其中 8 人是儿童，那么这个团队的就餐费用是多少？

首先，将问题转化为代数形式，通过使用键值映射将数字替换为变量。在这个例子中，修改后的问题及映射关系如下。

输入：在一家餐馆里，每份成人餐费用为 5 美元，儿童免费就餐。如果有 15 人的团队来就餐，其中 8 人是儿童，那么这个团队的就餐费用是多少？

请把这个数学问题转化为代数形式，用 A、B、C 等代数符号来替换具体的数值，保持其他的表述不变，并列出代数符号和数值的映射关系。

ChatGPT：在一家餐馆里，每份成人餐费用为 A 美元，儿童免费就餐。如果有 B 人的团队来就餐，其中 C 人是儿童，那么这个团队的就餐费用是多少？

代数符号和数值的映射关系如下：

A＝5（成人餐费用为 5 美元）

B＝15（有 15 人的团队来就餐）

C＝8（其中 8 人是儿童）

接下来，笔者编写提示指令让 ChatGPT 把这个问题分别转化为一个代数表达式和一段程序代码。笔者给出的代数提示指令及得到的代数表达式如下。

输入：在一家餐馆里，每份成人餐费用为 A 美元，儿童免费就餐。如果有 B 人的团队来就餐，其中 C 人是儿童，那么这个团队的就餐费用是多少？

写一个数学方程，并生成以"Answer="开头的答案格式。

ChatGPT：我们可以先写出一个数学方程，然后根据方程生成一个答案格式。

数学方程为：

Answer = A * (B–C)

这个方程表示，每份成人餐费用为 A 美元，总共有 B 人的团队，其中 C 人是儿童。我们需要计算成人的人数，即 B–C，然后将成人人数与每份成人餐费用 A 相乘，得到这个团队的就餐费用。

ChatGPT 生成的代数形式的解析解为用户提供了语言模型"中间思考过程"的提示。这将进一步增强语言模型生成更精确和有效解决方案的能力，提高最终结果的准确性和一致性。

笔者同时给出编程提示指令，得到的程序代码如下。

输入：在一家餐馆里，每份成人餐费用为 A 美元，儿童免费就餐。如果有 B 人的团队来就餐，其中 C 人是儿童，那么这个团队的就餐费用是多少？

编写一个 Python 函数，该函数返回答案。

ChatGPT：以下是一个计算团队就餐费用的 Python 函数：

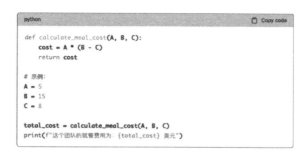

```python
def calculate_meal_cost(A, B, C):
    cost = A * (B - C)
    return cost

# 示例:
A = 5
B = 15
C = 8

total_cost = calculate_meal_cost(A, B, C)
print(f"这个团队的就餐费用为: {total_cost} 美元")
```

在这个程序中，我们定义了一个名为'calculate_meal_cost'的函数，它接收三个参数：成人餐费用 A，团队人数 B 和儿童人数 C。函数根据给定的参数计算团队的就餐费用，并返回该费用。

在示例部分，我们给定了 A、B 和 C 的值，然后调用'calculate_meal_cost'函数计算团队的就餐费用。最后，我们输出这个团队的就餐费用。

在得到了代数表达式和程序代码后，可以开展计算验证。在这一步骤中，笔者输入多个随机的键值映射来评估在上一步中生成的代数表达式。同时，使用 Python 的 eval()方法，代入参数计算 Python 程序代码的输出。比较两者输出的答案是否一致。经过多次反复的随机实验，如果两种方法的结果都一样，那么可以得出结论：无论是代数表达式还是程序代码，都是这个数学问题的正确建模。

最后，使用输入问题中变量的值，也就是 A=5, B=15,C=8，计算最终答案，如下所示。

输入：如果 A=5, B=15, C=8，那么这个式子的答案是多少？

ChatGPT：将 A=5, B=15, C=8 代入方程 Answer =A * (B−C)，我们可以计算这个团队的就餐费用：

Answer = 5 * (15−8)

Answer = 5 * 7

Answer = 35

所以，这个团队的就餐费用为 35 美元。

通过这种方法，以 GPT-3.5 为基座模型的 ChatGPT 在 MultiArith 数据集上的准确率从 78.7%提升到 92.5%[21]。如果以 GPT-4 为基座，则准确率会更高，足以为中小学生提供

数学作业辅导的服务。但是，和写作文一样，让 ChatGPT 解数学题也存在社会问题，例如可能会让学生变得懒惰。如果学生过度依赖 ChatGPT 来完成数学作业，则可能会失去解决问题的能力，从而无法独立思考和解决问题。此外，如果 ChatGPT 的解题结果存在错误，而学生没有进行必要的检查和验证，那么可能会对他们的学业造成负面影响。无论如何，ChatGPT 在解决数学问题方面的成功为我们展示了人工智能在教育领域的潜力。对于学生而言，应该通过 ChatGPT 提供的答案检验自己的答案，拓展解题的思路。而对于教育工作者和家长而言，应该合理地使用 ChatGPT，并为学生提供适当的引导和指导，以确保他们能够充分发挥 ChatGPT 的优势，同时避免潜在问题的出现。

总之，从科学研究的角度，我们观察到了代码能力和数学能力之间的相关性，但我们不能确定 GPT 模型的代码能力是否真正催生了数学能力，这还需要更多的研究加以验证。从应用的角度，可以通过提示工程把一个现实的数学问题同时转换成一个代数问题和一个编程问题，并让 ChatGPT 同时解决这两个问题，通过相互印证的方式获得正确答案。从教育的角度，让小学生学习编程也许是提高他们数学成绩的一种非常有前途的方法。编程的教育可以让学生们更多地接触到结构化的问题解决方法，也可以开发他们的逻辑思考和问题解决能力。总之，我们可以看到人工智能在数学和编程领域的发展为我们提供了许多新的思考方式和教育途径。我们需要认真思考如何更好地利用这些技术，以推动教育和社会的进步。

5

从新手到专家：普通人如何成为提示工程师

作为一款通用语言模型，ChatGPT 在许多自然语言处理任务中的表现远胜专门模型，这使得一些研究人员感到挫败。他们认为，ChatGPT 已经让很多自然语言处理任务变得不再需要被专门研究了。只要通过合适的提示工程将任务转换成模型所能理解的生成任务，ChatGPT 就能轻松秒杀传统的专门模型。这种想法让很多自然语言处理研究人员感到不安，担心他们的工作将被提示工程师代替。

另外一些自然语言处理研究人员则看到了 ChatGPT 带来的新机遇。首先，ChatGPT 验证了 RLHF 这一技术路线的有效性。该技术不仅可以用于训练通用的对话语言模型，也可以用于训练针对某一特定任务的专门模型，并且语料需求比传统的监督学习方法小很多。其次，ChatGPT 的强大能力不仅可以与传统专门模型竞争，还可以作为老师和数据标注员，帮助改进专门模型的能力。研究如何让小规模的专门模型向类似 ChatGPT 这样的通用大模型学习，将成为未来前景广阔的研究方向。最后，ChatGPT 规模庞大、速度缓慢、部署困难，且无法解决数据私有问题。在许多实际应用中，平衡规模、速度、开销和准确性的私有专门模型仍会是主流选择。

本章将探讨如何构建提示指令来帮助 ChatGPT 完成各种自然语言处理任务。这些构建提示指令的方法和技巧既可以用于培训提示工程师，以替代昂贵的自然语言专家，也可以用于帮助自然语言研究人员从 ChatGPT 中获取语料，提升专门模型的能力。此外，这些方法还可以作为探索 ChatGPT 能力边界的实证实验，甚至可以从中窥探到不同文化背景的人对于某些自然语言处理任务的不同理解和认知。

5.1　词法和句法分析

词法和句法分析是自然语言处理中的两个基本步骤。词法分析（Lexical Analysis）将自然语言文本分解为基本的语言单元（即词汇），并对这些词汇进行分类、标记和分析，包括分词、词性标注、命名实体识别等任务。这是自然语言处理中的第一步，旨在将自然语言转换为计算机可理解和处理的形式。句法分析（Syntactic Analysis）则对一句话或一段话的结构和语法进行分析和理解。在词法分析的基础上，句法分析分析词汇之间的语法关系，如句子成分、短语结构和语法规则。句法分析包括语法树生成和依存关系分析等任务。句法分析是自然语言处理中的重要步骤，为下一步的语义分析和自然语言生成等任务提供基础。因此，精确的词法和句法分析对于自然语言处理的成功至关重要。

传统自然语言处理中的词法和句法分析起到非常关键的作用。首先，自然语言中的词汇和语法结构非常复杂，而计算机只能处理形式化的信息。通过词法和句法分析，可以将自然语言文本转换为计算机可理解和处理的形式，这是实现自然语言处理的前提条件。词法和句法分析可以提取自然语言中的语法信息，如词性、句子成分、短语结构和语法规则等，这些信息可以帮助自然语言处理系统更好地理解自然语言文本，提高处理的准确性和效率。此外，词法和句法分析为语义分析、自然语言生成等任务提供了基础。语义分析需要利用词法和句法分析得到的语法信息来理解自然语言的意义；自然语言生成需要通过词法和句法分析生成符合语法规则的自然语言文本。最后，在搜索引擎和推荐系统中，词法和句法分析也起到重要作用，能够提高查询准确度、优化搜索结果排序、改善推荐系统效果，减少语言歧义。因此，在大规模预训练语言模型的时代，词法和句法分析仍然是一种重要的研究技术。

5.1.1　中文分词

分词是自然语言处理中最常见的词法任务之一，它是将连续的文本序列切分成有意义的词汇序列的过程。在自然语言处理中，许多任务的第一步都是对文本进行分词，如信息检索、文本分类、机器翻译等。分词的准确性对后续任务的效果有很大影响。如果分词不准确，会导致后续任务的输入出现错误，从而影响整个系统的性能。中文分词相比英文分词更为复杂和重要，因为中文中没有像英文中的空格这样的明显单词分隔符。中文词汇的结构和组合方式也比英文的复杂，因此中文分词需要考虑更多的语言上下文信息，如词性、词语间的关系等。接下来，我们尝试让 ChatGPT 完成中文分词任务。

要让 ChatGPT 实现中文分词，只需要在提示中给出明确的指令，示例如下。

输入：请对下列句子进行分词：

　　与 AI 对话：ChatGPT 提示工程揭秘

ChatGPT：与/AI/对话/：/ChatGPT/ /提示/ /工程/揭秘/

可以看到，ChatGPT 完成了分词任务，将"与 AI 对话：ChatGPT 提示工程揭秘"这个句子划分成了"与""AI""对话""："ChatGPT""提示""工程""揭秘"这一系列的词语。但是这里存在一个明显的问题，ChatGPT 有时使用"/"作为词之间的分隔符，有时使用"/ /"。这种随意的处理方式不符合我们的需求，也让接下来的处理变得困难。因此，可以给出明确的指令，用空格作为分隔符来保证词语之间的一致性和准确性。

输入：请用空格对下列句子进行分词：

　　与 AI 对话：ChatGPT 提示工程揭秘

ChatGPT：与 AI 对话：ChatGPT 提示 工程 揭秘

空格是中文分词中最常采用的分隔符，因为这样可以和英文保持一致。然而，为了便于阅读，本书采用左右带空格的竖线作为分隔符，示例如下。

输入：请用"｜"作为分隔符对下列句子进行分词：

　　与 AI 对话：ChatGPT 提示工程揭秘

ChatGPT： 与 AI 对话 |ChatGPT| 提示 | 工程揭秘

为了方便计算机进一步处理，可以要求 ChatGPT 使用 JSON 格式进行分词。

输入： 用 JSON 格式对下列句子进行分词：

与 AI 对话：ChatGPT 提示工程揭秘

ChatGPT： 以下是使用 JSON 格式对句子进行分词的示例：

```
{
    "text": "与 AI 对话：ChatGPT 提示工程揭秘",
    "tokens": [
        {"token": "与", "start": 0, "end": 1},
        {"token": "AI", "start": 1, "end": 3},
        {"token": "对话", "start": 3, "end": 5},
        {"token": "：", "start": 5, "end": 6},
        {"token": "ChatGPT", "start": 6, "end": 13},
        {"token": "提示", "start": 14, "end": 16},
        {"token": "工程", "start": 16, "end": 18},
        {"token": "揭秘", "start": 18, "end": 20}
    ]
}
```

每个 token 包含三个键值对，分别是"token"表示分词结果，"start"表示该分词在原句中的起始位置（以字符为单位），"end"表示该分词在原句中的结束位置（同样以字符为单位）。

如果读者认为这种输出格式过于复杂，则可以通过示例控制输出 JSON 字符串的格式。

输入： 用 JSON 格式对下列句子进行分词：

与 AI 对话：ChatGPT 提示工程揭秘

```
{ "words": [" ", " ", ...] }
```

ChatGPT: { "words": ["与", "AI", "对话", "：", "ChatGPT", "提示", "工程", "揭秘"] }

通过明确的提示指令和示例，可以看到 ChatGPT 已经按照笔者的要求进行了分词。然而，笔者也发现了一个新的问题，即分词的结果不固定。有时，"工程揭秘"被作为一个词；有时，"工程"和"揭秘"被分为两个词。这种情况的出现可能是因为 ChatGPT 对于分词这一任务还缺乏明确的认知。虽然它大致知道分词是将句子分成一个一个的词，但并不清楚什么是一个词。因此，笔者参考了《信息处理用现代汉语分词规范》（GB/T 13715—1992），明确定义了分词任务，并要求 ChatGPT 按照这个定义进行分词。

输入：参考如下定义：汉语分词是指从信息处理需要出发，按照特定的规范，对汉语按分词单位进行划分的过程。分词单位是汉语信息处理使用的、具有确定的语义或语法功能的基本单位。它主要是词，也包括了结合紧密、使用稳定的词组。词是指最小的能独立运用的语言单位。词组是由两个或两个以上的词，按一定的语法规则组成，表达一定意义的语言单位。

用"｜"作为分隔符对下列句子进行分词：

与 AI 对话：ChatGPT 提示工程揭秘

ChatGPT: 与 ｜AI｜ 对话 ｜ ： ｜ChatGPT｜ 提示 ｜ 工程 ｜ 揭秘

5.1.2 命名实体

在中文分词中，处理命名实体一直是一个难题。命名实体是指一个具有一定独立性、能够用一个名称指称的事物，如人名、地名、机构名、时间、日期、货币等。通过识别文本中的命名实体，可以帮助机器理解文本中的实体信息，从而更好地理解文本的含义。命名实体存在多样性、歧义性、上下文依赖性和嵌套性等问题，是自然语言处理中的一个传统难点。

接下来，使用一个包含命名实体的例子来测试 ChatGPT 的能力。

输入： *参考如下定义：汉语分词是指从信息处理需要出发，按照特定的规范，对汉语按分词单位进行划分的过程。分词单位是汉语信息处理使用的、具有确定的语义或语法功能的基本单位。它主要是词，也包括了结合紧密、使用稳定的词组。词是指最小的能独立运用的语言单位。词组是由两个或两个以上的词，按一定的语法规则组成，表达一定意义的语言单位。*

用"｜"作为分隔符对下列句子进行分词：

如果丘处机没有路过牛家村，后续的历史将会怎样？

ChatGPT： *如果 ｜ 丘处机 ｜ 没有 ｜ 路过 ｜ 牛家村 ｜ ， ｜ 后续 ｜ 的 ｜ 历史 ｜ 将会 ｜ 怎样 ｜ ？*

在上述例子中，丘处机和牛家村就是典型的命名实体。丘处机是人名，牛家村是地名。在中文语料中，类似的人名和地名的数量非常多，甚至可以说是无穷多的，因此无法通过穷举来构建一个命名实体字典。命名实体的识别必须基于对上下文的理解和判断。ChatGPT 具有强大的理解能力，在命名实体的识别方面明显优于传统方法。

尽管丘处机是一个命名实体，但在分词时是否将其视为一个完整的分词单元实际上存在争议。在北京大学计算语言学研究所发布的《现代汉语语料库加工规范》（1999 版）中，明确指出：汉族人及与汉族起名方式相同的非汉族人的姓和名单独切分。笔者不打算讨论这种切分方法的优缺点，只考虑如何让 ChatGPT 遵循这种分词规则。

可以给 ChatGPT 制定以下明确规则。

输入： *参考如下定义：汉语分词是指从信息处理需要出发，按照特定的规范，对汉语按分词单位进行划分的过程。分词单位是汉语信息处理使用的、具有确定的语义或语法功能的基本单位。它主要是词，也包括了结合紧密、使用稳定的词组。词是指最小的能独立运用的语言单位。词组是由两个或两个以上的词，按一定的语法规则组成，表达一定意义的语言单位。*

按照如下规则：人名中的姓和名应该被单独切分为两个分词单元。

用"｜"作为分隔符对下列句子进行分词：

如果丘处机没有路过牛家村，后续的历史将会怎样？

ChatGPT： 如果 | 丘 | 处机 | 没有 | 路过 | 牛家村 | ， | 后续 | 的 | 历史 | 将会 | 怎样 | ？

通过在提示指令中加入这条规则，可以看到，ChatGPT 能够按照规则将"丘"和"处机"分为两个独立的分词单元，满足了我们的要求。

5.1.3　词性标注

除了分词，ChatGPT 还可以进行词性标注。词性标注是对每个分词单元标注其对应的词性，如名词、动词、形容词等。对每个分词单元进行词性标注，有助于深入理解文本的语义和结构。这些信息可以作为后续的自然语言处理任务（如文本分类、情感分析等）的输入，从而提高这些任务的效率和准确率。例如，在中文中，同一个词语的词性可能随上下文而变化，因此进行词性标注能够提高机器对文本的理解和分析能力。

输入： 参考如下定义：汉语分词是指从信息处理需要出发，按照特定的规范，对汉语按分词单位进行划分的过程。分词单位是汉语信息处理使用的、具有确定的语义或语法功能的基本单位。它主要是词，也包括了结合紧密、使用稳定的词组。词是指最小的能独立运用的语言单位。词组是由两个或两个以上的词，按一定的语法规则组成，表达一定意义的语言单位。

用"|"作为分隔符对下列句子进行分词，并进行词性标注：

电子科技大学坐落于四川省成都市，是一所顶尖的科研型大学。

ChatGPT： 电子科技大学 | 坐落 | 于 | 四川省 | 成都市 | ， | 是 | 一所 | 顶尖 | 的 | 科研型 | 大学 | 。

词性标注：

电子科技大学：机构名

坐落：动词

于：介词

四川省：地名

成都市：地名

，：标点符号

是：动词

一所：量词+量词单位

顶尖：形容词

的：助词

科研型：形容词

大学：名词

。：标点符号

即使使用相同的提示指令，重复运行 ChatGPT 也可能得到不同的词性标注结果，示例如下。

输入： 参考如下定义：汉语分词是指从信息处理需要出发，按照特定的规范，对汉语按分词单位进行划分的过程。分词单位是汉语信息处理使用的、具有确定的语义或语法功能的基本单位。它主要是词，也包括了结合紧密、使用稳定的词组。词是指最小的能独立运用的语言单位。词组是由两个或两个以上的词，按一定的语法规则组成，表达一定意义的语言单位。

用"｜"作为分隔符对下列句子进行分词，并进行词性标注：

电子科技大学坐落于四川省成都市，是一所顶尖的科研型大学。

ChatGPT： 电子科技大学(NN)｜坐落(VV)｜于(P)｜四川省(NR)｜成都市(NR)｜，(PU)｜是(VC)｜一所(M)｜顶尖(NN)｜的(DEG)｜科研型(NN)｜大学(NN)｜。(PU)

其中，词性标注的简称如下：

NN：名词

VV：动词

P：介词

NR：地名

PU：标点符号

VC：系动词

M：量词

DEG：的字关联词

这是词性标注的规范不同导致的。词性标注规范是一个很复杂的事情，不同的机构基于不同的理由定义了不同的词性标注规范，常见的词性标注规范有：北京大学词性标注规范，共有 40 个词性类别，是目前最常用的标注集；中国科学院计算所词性标注规范，共有 26 个词性类别，是另一种常用的标注集；TexSmart 词性标注规范，共有 24 个词性类别，是腾讯人工智能实验室开发的一套规范。如果希望 ChatGPT 按照北京大学词性标注规范进行词性标注，则可以将该规范加入提示指令中，示例如下。

> **输入：** 按照如下标注规范：名词 n、时间词 t、处所词 s、方位词 f、数词 m、量词 q、区别词 b、代词 r、动词 v、形容词 a、状态词 z、副词 d、介词 p、连词 c、助词 u、语气词 y、叹词 e、拟声词 o、成语 i、习用语 l、简称 j、前接成分 h、后接成分 k、语素 g、非语素字 x、标点符号 w、人名 nr、地名 ns、团体机关单位名称 nt、其他专有名词 nz、名语素 Ng、动语素 Vg、形容语素 Ag、时语素 Tg、副语素 Dg ；名动词 vn（具有名词特性的动词）、名形词 an（具有名词特性的形容词）、副动词 vd（具有副词特性的动词）、副形词 ad（具有副词特性的形容词）。
>
> 对下列已分词的句子进行词性标注：
>
> 电子科技大学 | 坐落 | 于| 四川省 | 成都市 | ，| 是 | 一所| 顶尖 | 的 |
> 科研型 | 大学 | 。
>
> --
>
> **ChatGPT：** 电子科技大学/nt| 坐落/v| 于/p| 四川省/ns| 成都市/ns| ，/w| 是/v | 一/m| 所/q| 顶尖/a| 的/u| 科研型/a| 大学/n| 。/w

5.1.4 依存句法分析

句法分析是指对一句话的结构和语法进行分析和理解的过程。它也是自然语言处理中的一项基础任务，是理解和生成自然语言的重要一环。在句法分析中，通常会将输入的文本转化为一棵语法树或者一张依存关系图，以描述单词之间的依存关系和语法结构。语法树是由各种语法规则和句子成分组成的层次结构，其中每个节点表示一个成分或者一个规则，每个叶子节点表示一个单词。依存关系图则是描述单词之间的依存关系的有向图，其中每个节点表示一个单词，每个边表示两个单词之间的依存关系。通过句法分析，我们可以深入理解文本的语法结构，更准确地分析句子或段落的意义，这为后续的自然语言处理任务（如语义分析、自然语言生成等）奠定了坚实的基础。

根据处理目标和结果的不同，句法分析可以分为依存句法分析、成分句法分析和语义依存分析等不同的任务。其中，依存句法分析是最常见的句法分析任务。此外，虽然语义角色标注和抽象意义表示属于语义分析的范畴，但是它们同样需要将输入的句子转换成一个图或树结构，因此在使用 ChatGPT 进行处理时并没有本质的区别。接下来，以依存句法分析为例，让 ChatGPT 尝试进行句法分析。

同样的问题又出现了，不同的依存句法分析标准规定的依存关系各不相同，而且依存关系相对复杂，不像词性标注那样能够在有限的提示指令中表达清楚。为了解决这一问题，笔者采取了一种新的策略：通过多轮问答激发 ChatGPT 对于不同的依存句法分析规范的记忆，然后让它基于回忆起的某种规范进行依存句法分析标注。

首先，笔者向 ChatGPT 询问什么是依存句法分析。

输入：什么是依存句法分析？

ChatGPT：依存句法分析是一种自然语言处理技术，它的主要目的是识别一个句子中单词之间的依存关系。依存句法分析的结果是一个依存关系树，其中每个单词都是树上的一个节点，它们之间通过有向边相连，表示它们之间的依存关系。

依存句法分析可以帮助理解一个句子的语法结构和语义含义。它可以用于许多自然语言处理任务，例如机器翻译、文本分类、命名实体识别和信息抽取等。

接着，询问依存句法分析有哪些标注规范。

输入：依存句法分析有哪些标注规范？

ChatGPT：依存句法分析的标注规范主要有以下几种：

Stanford 依存句法分析：Stanford 依存句法分析是一种常见的依存句法分析标注规范。它使用 Universal Dependencies 作为依存关系类型集合，包括 nsubj、dobj、iobj、csubj、ccomp、advcl 等。

CoNLL 依存句法分析：CoNLL 依存句法分析是一种常用的依存句法分析标注规范。它也使用 Universal Dependencies 作为依存关系类型集合，并在 CoNLL 格式中进行标注。

Malt 依存句法分析：Malt 依存句法分析是一种基于转移的依存句法分析方法，它使用自己的依存关系类型集合，并使用一种特定的数据格式进行标注。

Google 依存句法分析：Google 依存句法分析使用了一种称为 Enhanced Dependency Representation 的依存关系类型集合，并且包含了一些特殊的依存关系类型，例如 neg、amod、nmod 等。

不同的标注规范有不同的依存关系类型集合和标注格式，但它们的目的都是为了识别出句子中单词之间的依存关系。

再询问 Stanford 依存句法分析规范具体是什么。

输入：Stanford 依存句法分析规范具体是什么？

ChatGPT：Stanford 依存句法分析规范是一种常见的依存句法分析标注规范，使用 Universal Dependencies 作为依存关系类型集合。其具体规范包括以下几个方面：

依存关系类型：Stanford 依存句法分析规范使用了 Universal Dependencies 中的依存关系类型集合，包括 nsubj、dobj、iobj、csubj、ccomp、advcl 等。每个依存关系类型表示了单词之间的不同依存关系，例如 nsubj 表示主语和谓语之间的依存关系，dobj 表示动宾关系等。

标注格式：Stanford 依存句法分析规范使用 CoNLL 格式进行标注，每个单词在一行中被标注为一个 token，包括其单词形式、词性、依存关系类型和依存父节点编号等信息。

根节点：在 Stanford 依存句法分析中，每个句子都有一个根节点，表示整个句子的根部。根节点没有实际单词形式，但必须在句子中标注为一个单独的

token，并且其依存父节点编号为零。

标注策略：在 Stanford 依存句法分析中，采用基于"头部规则"的标注策略，即认为一个单词的头部词是其对整个短语或从句的结构起到最重要的作用的词。通过标注每个单词的依存父节点编号和依存关系类型，可以构建出整个句子的依存关系树。

Stanford 依存句法分析规范是一种广泛使用的依存句法分析标注规范，具有清晰的标注格式和丰富的依存关系类型集合，可以用于多种自然语言处理任务。

通过这样一步步地引导，ChatGPT 已经回忆起了在预训练过程中学习到的关于 Stanford 依存句法分析规范的各种细节，于是，可以要求它使用 Stanford 依存句法分析规范对所提供的句子进行依存句法分析。

输入：请使用 Stanford 依存句法分析规范对下列已分词的句子进行依存句法分析：

电子科技大学 | 坐落 | 于| 四川省 | 成都市 | ，| 是 | 一所| 顶尖 | 的 | 科研型 | 大学 | 。

ChatGPT：下面是使用 Stanford 依存句法分析规范对该句子进行分析后的结果：

1 电子科技大学 nsubj 2 compound:nn

2 坐落 root 0 root

3 于 case 2 case

4 四川省 nmod:prep 2 nmod:prep

5 成都市 nmod:prep 4 nmod:prep

6 ， punct 2 punct

7 是 cop 2 cop

8 一所 det 9 det

9 顶尖 amod 10 amod

10 的 mark 11 mark

11 科研型 nmod:assmod 12 nmod:assmod

12 大学 ccomp 2 ccomp

13 。 punct 2 punct

该句子的依存关系树如下图所示：

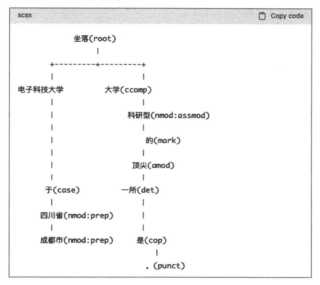

注：其中，nsubj 表示主语，root 表示谓语，case 表示介词，nmod 表示介词短语，nmod:prep 表示前置介词短语，ccomp 表示从句，nmod:assmod 表示关联形容词短语，det 表示冠词，amod 表示形容词修饰名词，mark 表示从句引导词，punct 表示标点符号。

虽然这个可视化的输出格式便于人眼观察，但不利于计算机处理，于是笔者要求 ChatGPT 输出 JSON 格式。

输入：请使用 Stanford 依存句法分析规范对下列已分词的句子进行依存句法分析：

电子科技大学 | 坐落 | 于| 四川省 | 成都市 | ，| 是 | 一所| 顶尖 | 的 |
科研型 | 大学 | 。

输出 JSON 格式的字符串。

ChatGPT：以下是使用 Stanford 依存句法分析规范对该句子进行分析后的 JSON

字符串输出：

其中，每个单词的信息包括 index（序号）、word（单词形式）、pos（词性）、parent（依存父节点编号）、dep（依存关系类型）和 ner（命名实体标注），可以根据需要进行解析和使用。

通过这样一步步的引导，ChatGPT 最终按照笔者的要求完成了依存句法分析任务。其他的句法分析任务也可以采用类似的方式完成。

5.1.5 总结

综上所述，通过合理构造提示指令，ChatGPT 在词法和句法分析任务上表现不俗。需要注意的是，在使用 ChatGPT 进行分析时，需要谨慎评估其输出结果的准确性，并进行必要的后处理和修正，以确保最终的结果质量。此外，针对不同任务的特点和需求，需要选择合适的提示指令，以获得更好的效果和性能。最后提醒读者，ChatGPT 并不是完美的，尤其是在完成复杂的任务时仍可能出错。

为了更好地说明这一点，笔者特别给出了一个非常经典的分词任务——南京市长江大桥。在这个任务中，输入的文本中可能存在歧义，需要根据上下文进行分析才能得到正确的结果。即使是 ChatGPT 这样的强大模型，在处理这种复杂的任务时也出现了错误。

输入：用"｜"作为分隔符对下列句子进行分词：

南京市长江大桥同志视察了南京市长江大桥的修缮工作。

ChatGPT：南京市｜长江大桥｜同志｜视察｜了｜南京市｜长江大桥｜的｜修缮｜工作｜。[①]

---

① 正确的分词应为：南京｜市长｜江大桥｜同志｜视察｜了｜南京市｜长江大桥｜的｜修缮｜工作｜。

5.2　信息抽取

信息抽取（Information Extraction，IE）是指从大规模的文本数据中自动抽取出结构化的信息的一种技术。它的目标是将非结构化的自然语言文本转化为结构化的、易于处理的数据形式，从而支持自然语言处理、文本挖掘、语义分析、知识图谱等应用。

5.2.1　关键词提取

关键词提取是一种自动从文本中抽取最具代表性、最重要的单词或短语的技术。这些单词或短语反映了文本的主题或重点，因此，关键词提取技术在各种文本分析下游任务中（如文本分类、信息检索和文本摘要）得到了广泛应用。在文本分类任务中，关键词提取有助于识别文本的主题或内容，从而支持分类决策。在信息检索任务中，关键词提取可用于构建查询，以便文本检索。在文本摘要任务中，关键词提取有助于确定文本的重点，从而支持生成摘要的过程。因此，关键词提取技术作为传统的信息抽取技术，在实际应用中具有广泛的应用价值。

1. 提取语义明确的关键词

关键词提取最常用的方法是基于统计的方法。这种方法通过计算单词或短语在文本中的出现频率来确定关键词。常见的统计方法包括 TF-IDF（Term Frequency-Inverse Document Frequency）和 TextRank 算法等。其中，TextRank 算法是最典型的方法，它是谷歌搜索采用的 PageRank 算法的变种。其基本思想是将文本中的单词或短语构建成一个图，然后迭代地对节点的权重进行排名，以确定最重要的单词或短语。接下来，使用 TextRank 算法对本书 1.1 节——"1.1 ChatGPT 是什么"进行关键词提取，以便与 ChatGPT 的输出进行对比。使用 TextRank 算法对本书 1.1 节进行关键词提取的结果如下。

编号	关键词短语	权重
1	ChatGPT	96.00%
2	文本	33.80%
3	语言	30.92%
4	模型	27.88%
5	自然的文本对话	26.25%

6	ChatGPT 的背后	26.02%
7	给定的提示	24.94%
8	相关的文本	24.89%
9	神经语言模型	24.51%
10	你输入的文本	24.19%

在输入相同的文本后，使用 ChatGPT 进行关键词提取，得到的结果如下。

输入： ……（原文略）

请对上述文本进行关键词（短语）提取，请提取 10 个关键词或短语，并按照重要程度排序。

ChatGPT： 1. ChatGPT (权重值：100)

2. GPT-3.5 (权重值：90)

3. 神经语言模型 (权重值：80)

4. 自然语言处理 (权重值：75)

5. 文本生成 (权重值：70)

6. 对话体验 (权重值：65)

7. 应用场景 (权重值：60)

8. 智能助理 (权重值：55)

9. 语言理解 (权重值：50)

10. 技术发展 (权重值：45)

可以看出，使用 ChatGPT 进行关键词提取的结果与使用 TextRank 算法的区别非常大。ChatGPT 提取的关键词不仅更加全面，例如包含了"GPT-3.5""文本生成"等相关术语，还更具代表性，例如没有像"文本""语言""模型"这样的通用词汇。此外，由于使用生成式的方法，ChatGPT 提取的关键词更通顺、更流畅，不存在像"你输入的文本"这样的语义不明确的关键词。总的来说，ChatGPT 在关键词提取方面的能力非常出众。

2. 提取适合 SEO 的关键词

如前文所述，关键词提取在信息检索中扮演重要角色。它也因此被广泛应用于搜索引擎优化（Search Engine Optimization，SEO）中。在搜索引擎中，用户通常使用关键词来查找信息。SEO 的目标是通过网站优化，提高网站在搜索引擎中的排名，从而获得更多的流量和用户访问量。因此，在进行 SEO 优化时，关键词提取是一个至关重要的步骤。除了从文本中抽取最具代表性的关键词，还需要考虑关键词的搜索量和竞争度，以确保网站在搜索引擎中能够获得更多曝光。此外，还需要考虑关键词的长尾性和相关性等因素，这需要一定的经验和技巧，是一门相当复杂的经验科学。利用 ChatGPT 进行 SEO 的示例如下。

输入：……（原文略）

如果我的目标是搜索引擎优化，请帮我从上述文本中进行关键词（短语）提取，请提取 10 个关键词或短语。

ChatGPT：以下是从文本中提取的 10 个关键词或短语，可以用于搜索引擎优化：

1. ChatGPT
2. 自然语言处理
3. GPT-3.5 模型
4. 深度学习算法
5. 神经语言模型
6. 智能助理
7. 日常任务
8. 专业任务
9. 交流方式
10. 技术发展

比较 ChatGPT 输出的这两组关键词可以发现明显的差异。在 SEO 关键词中，"自然语言处理""深度学习算法"等热门术语得到了更高的权重，这使用户在搜索相关词语时更容易找到此内容。而"文本生成""语言理解"等偏重于专业技术的术语则没有被选为关键词，因为 ChatGPT 认为这些术语过于冷门，不会有太多曝光度。

在进行 SEO 优化时，长尾关键词有时比热门关键词更有价值。尽管长尾关键词的搜索量相对较小，但长尾关键词的竞争度相对较低，使得网站更容易在搜索引擎中排名靠前。

下面让 ChatGPT 生成一些长尾关键词。

输入：……（原文略）

　　我的目标是搜索引擎优化，我希望通过长尾关键词获取更有针对性的流量。请对上述文本进行关键词（短语）提取，提取 10 个关键词或短语。

ChatGPT：以下是从文本中提取的 10 个长尾关键词或短语，以帮助您优化搜索引擎排名：

1. 深度学习算法

2. 自然语言处理技术

3. 语言数据

4. 神经语言模型

5. 智能助理

6. 专业用途

7. 对话场景

8. 文本对话

9. 自然语言处理研究

10. 人类语言结构

可以看到，"ChatGPT""GPT-3.5"等热门词汇不在长尾关键词列表中，取而代之的是"自然语言处理技术""自然语言处理研究""人类语言结构"等冷门词汇。

除了从文本中提取关键词，SEO 通常也需要通过联想和扩展无中生有地生成一些文中不存在的关键词。如上文所述，SEO 是一门复杂的经验科学。由于本书篇幅有限，笔者不会对这个问题进行进一步的展开。下面列出一些常用的 SEO 关键词策略及对应的 ChatGPT 提示指令供读者参考。

1. 发现关键词

1. 请根据 <文章主题 | 内容 | 关键词> 生成 <数量> 个关键词。

2. 请生成 <数量> 个与 <文章主题 | 内容 | 关键词> 相关的且人们可能会在谷歌中进行搜索的关键词列表。

3. 请生成 <数量> 个与 <文章主题 | 内容 | 关键词> 相关的且 <特定人群> 可能会在谷歌中进行搜索的关键词列表。

2. 批量扩展同类关键词

1. <关键字>，请将此关键字中的 <关键字中的一个词> 替换为其他同类的词。请生成 <数量> 个并按照受欢迎程度排序。

3. 扩展长尾关键词

1. 为 <关键字> 找到 <数量> 个长尾关键词。

2. 根据主关键字 <关键字> 列出 <数量> 个长尾关键字。

4. 扩展语义相关（Latent Semantic Indexing，LSI）关键词

1. 请列出 <数量> 个与 <关键字> 语义相关的 LSI 关键词。

2. 搜索引擎的热搜词中，与 <关键字> 相关的 LSI 关键词有哪些？请列出 <数量> 个并按照受欢迎程度排序。

3. 搜索引擎的长尾词中，与 <关键字> 语义相近的 LSI 关键词有哪些？请列出 <数量> 个。

5. 生成提问式关键词

1. 请生成与 <关键词> 相关的常问问题列表。

2. 人们在搜索 <关键词> 时，可能会采取哪些提问的方式？请列出 <数量> 个。

3. <特定人群> 在搜索 <关键词> 时，可能会采取哪些提问的方式？请列出 <数量> 个。

最后，还可以使用角色扮演的策略进一步激发 ChatGPT 的领域知识，得到更专业的结果。

假设你是一位资深的 SEO 专家，请用中文回答我关于搜索引擎优化的问题。在回答中，请利用你的经验，提供具体的 SEO 策略和建议，以便我能有效

地提高网站的排名和流量。你只需直接回答我的提问，不需要涉及背景知识或其他方面的解释。我的第一个问题是："请根据 <文章主题 | 内容 |关键词> 生成 <数量> 个关键词。"

5.2.2 实体关系抽取

实体关系抽取是指从自然语言文本中自动识别出实体及它们之间的关系的技术。实体是指具有独立存在或特定上下文含义的实体对象，例如人、地点、组织机构、时间等。实体关系则描述了这些实体之间的语义关联，例如"舒淇和徐若瑄是同学""ChatGPT 是 OpenAI 公司的产品""中国的首都是北京"等。实体关系抽取技术可以帮助计算机更好地理解和分析文本信息，因此被广泛地应用于自然语言处理、信息检索、知识图谱等领域。

实体关系抽取是一项复杂性较高的任务。传统的实体关系抽取通常需要先识别文本中的实体。这一步的难点在于实体数量繁多且形式多样，需要深入理解上下文才能正确判断。同时，同一个实体可能存在多个别名或缩写，增加了实体识别的难度，这就需要进行实体消歧和实体链接，以确保实体的唯一性。此外，在文中多次提及同一个实体时，也可能使用代词进行指代，还需要进行指代消解，进一步增加了实体关系抽取的复杂性。

在传统的实体关系抽取中，第二步是确定实体之间的关系。通常有两种不同的方法。一种方法是关系分类，即预先定义一系列的关系类型，然后将所识别到的实体两两组合进行分类，确定它们之间的关系类型为预先定义的其中一种。这种方法准确性较高，但能抽取的关系类型数量非常有限。另一种方法是关系抽取，即从实体的上下文中抽取一个词作为它们之间的关系。这种方法多数使用句法分析实现。虽然这种方法灵活性较高，但准确性相对较低，而且可能会存在关系冗余的问题。

从以上介绍可以看出，传统的实体关系抽取是一个复杂的任务，包含多个子任务，每个子任务都存在着各种问题，这些问题导致实体关系抽取的准确率和召回率都比较低。那么，对于这种困难的任务，ChatGPT 能否顺利完成呢？首先，用最基本的提示指令让 ChatGPT 尝试完成实体关系抽取任务。实体关系抽取一般会采用(头实体,关系,尾实体)这样的三元组的形式返回结果。

输入：ChatGPT 是一个由 OpenAI 开发的人工智能聊天机器人，它基于最新的大型语言模型 GPT-4，可以生成各种类型的文字内容，包括文章、笑话、医疗建议等。ChatGPT 最近引起了全球的关注，因为它在律师考试中击败了 9 成的考生，并且在教育领域引发了学术伦理的争议。

对上述文本按照三元组的格式进行实体关系抽取。

ChatGPT：对于这个文本，可以进行如下的实体关系抽取：

1. (ChatGPT, 由, OpenAI 开发)

2. (ChatGPT, 基于, GPT-4)

3. (ChatGPT, 可以生成, 各种类型的文字内容)

4. (ChatGPT, 在, 律师考试中击败了 9 成的考生)

5. (ChatGPT, 在, 教育领域引发了学术伦理的争议)

可以看到，ChatGPT 理解了按照三元组的格式进行实体关系抽取的指令，并且采用三元组的形式返回了结果。但是结果中存在很大的问题。首先，按照实体的定义，实体是指具有独立存在或特定上下文含义的实体对象，例如人、地点、组织机构、时间等。ChatGPT 所提取的三元组中含有大量的尾实体，例如"律师考试中击败了 9 成的考生""教育领域引发了学术伦理的争议"等，都不构成一个实体。其次，对关系的表达不够明确，例如，在(ChatGPT, 由, OpenAI 开发)中，关系是"由"，这显然是不准确的。准确的描述应该是(ChatGPT, 由-开发, OpenAI)。或者，抽象一点来说，是(OpenAI,公司-产品, ChatGPT)的关系。

接下来，笔者试图解决这些问题。让 ChatGPT 先提取实体，然后从所提取的实体中发现关系，示例如下。

输入：原文略……

先提取上述文本中提到的实体，然后识别这些实体之间的关系，注意仅考虑所提取到的实体。最后将识别到的实体和它们之间的关系按照三元组的格式返回结果。

ChatGPT：提取的实体：

1. ChatGPT

2. OpenAI

3. GPT-4

实体之间的关系：

1. ChatGPT 由 OpenAI 开发

2. ChatGPT 基于 GPT-4 模型

识别到的实体和它们之间的关系按照三元组的格式返回结果：

1. (ChatGPT, 由, OpenAI 开发)

2. (ChatGPT, 基于, GPT-4 模型)

可以看到，通过先提取实体，然后在关系识别阶段限制只识别所提取的实体之间的关系，这样可以避免抽取到冗余的实体关系三元组。但是这样做没有避免三元组不规范的问题。为了使像(ChatGPT, 由, OpenAI 开发)这样的实体关系三元组得到规范化的表示，需要明确给出三元组的返回规则，让 ChatGPT 按照给出的规则返回三元组。

输入： ……（同上一示例）将识别到的实体和它们之间的关系按照严谨的实体关系三元组的方式进行返回，规则是(实体 1,关系名,实体 2)。

ChatGPT： ……

1. (ChatGPT, 被开发, OpenAI)

2. (ChatGPT, 基于模型, GPT-4)

通过使用这样的指令，能够让 ChatGPT 返回的结果以严谨的实体关系三元组格式呈现。但这还不够。"被开发"这个关系描述是从文本上下文中抽取的，可以看作传统的关系抽取模型的 ChatGPT 实现，但"被开发"这种关系过于细节，一个产品和开发它的公司之间可以有"被开发""被拥有""被发布""被创造"等各种关系的描述。一个产品和拥有该产品的公司之间的关系可以统称为"产品-公司"关系。通过这样的简化，可以极大地消除所提取的实体关系三元组的冗余，进而更好地支撑如知识图谱、知识问答等下游任务。

那么，如何做到这一点呢？需要先确定一系列的实体-关系的模式，例如(产品,产品-公司,公司)模式，然后在文本中发现这些模式，最后提取具有这样模式的关系及对应的两个实体，构成实体关系三元组。这种方法叫作模式优先的流水线（Pattern-first Pipeline），是笔者于 2022 年首先提出的方法[22]。以下是采用这种方法进行实体关系三元组提取的示例。

> **输入：** 原文略……
>
> 　　上述文本中是否提到(产品,产品-公司,公司)这种模式的实体关系三元组？如果提到，请识别这样的实体关系三元组，并按照严谨的实体关系三元组的方式进行返回，规则是(实体 1,关系名,实体 2)。
>
> ---
>
> **ChatGPT：** 是的，上述文本中提到了这种模式的实体关系三元组。以下是识别到的实体关系三元组：
>
> 　　(ChatGPT, 产品-公司, OpenAI)

已有研究人员采用这种方法定量地测试了 ChatGPT 提取实体关系三元组的能力。在百度提供的 DuIE 2.0 数据集上，ChatGPT 进行实体关系抽取的 F1 值为 70.9[23]，也就是说，大致可以认为 ChatGPT 准确识别出了 70%的实体关系三元组。这一准确率虽然谈不上非常高，但已经超过了经过监督学习的传统方法。考虑到它所使用的是老版本的 ChatGPT，最新的以 GPT-4 为基座模型的 ChatGPT 应该可以取得更好的结果。此外，它采用的是零样本的方法。如果在指令中提供少量的示例样本供 ChatGPT 进行情境学习，则可以进一步提高水平。

这种方法也存在局限性，由于实体-关系的模式必须预先定义，因此灵活性有所不足。ChatGPT 能够进行零样本学习，也就是说，并不需要对每个模式构造语料进行专门的训练，与传统的基于关系分类的技术途径相比，已经是巨大的进步了。

5.2.3　结构化事件抽取

事件（Event）是指在一定时间内发生的、具有明确标志的事情或行动。它可以是自然界中的自然事件，也可以是社会生活中的社会事件。例如，在自然界中，事件可以包括地震、火山喷发、台风、洪水等。在社会生活中，事件可以包括会议、演出、比赛、示威、抗议、战争、自然灾害等。

事件具有一定的时空特征，需要有参与者，发生时间、地点、参与者和结果等信息都可以用来描述和记录事件。具体而言，事件一般包括如下要素。

- 事件类型：描述事件所属的类型，例如自然灾害、社会事件、体育比赛等。
- 事件时间：描述事件发生的时间，包括具体的年、月、日、时、分、秒等信息。
- 事件地点：描述事件发生的地点，包括国家、城市、街道、建筑物等。
- 参与者：描述事件中的主要参与者，包括个人、组织、机构等。
- 行为：描述事件中的主要行为，包括发生了什么、发生了怎样的事情。
- 结果：描述事件发生的结果，包括对参与者、环境等的影响。

参考用三元组描述一个实体关系，事件也可以用三元组的方式结构化地描述。用三元组描述一个事件通常需要定义一个事件类型，并将事件的各个方面（时间、地点、参与者、行为、结果等）作为该类的属性进行描述。下面是一个用三元组描述事件的示例。

- 定义事件类型类。

```
:event_type rdf:type rdf:Class.
```

- 定义事件类型实例。

```
:natural_disaster rdf:type :event_type.
:social_event rdf:type :event_type.
:sports_event rdf:type :event_type.
```

- 定义事件类和属性。

```
:event rdf:type rdf:Class.
:event_type rdf:type rdf:Property.
:event_time rdf:type rdf:Property.
:event_location rdf:type rdf:Property.
:event_participant rdf:type rdf:Property.
:event_action rdf:type rdf:Property.
:event_result rdf:type rdf:Property.
```

- 定义事件实例。

```
:event1 rdf:type :event.
:event1 :event_type : social_event.
:event1 :event_time "2022-11-30T00:00:00Z"^^xsd:dateTime.
:event1 :event_location "美国旧金山"^^xsd:string.
:event1 :event_participant "OpenAI"^^xsd:string.
:event1 :event_action "发布 ChatGPT"^^xsd:string.
:event1 :event_result "引起广泛关注和讨论"^^xsd:string.
```

在这个例子中，首先定义了一个事件类型类 ":event_type"，以及三个事件类型实例，包括自然灾害（:natural_disaster）、社会事件（:social_event）和体育比赛（:sports_event）。

然后定义了事件类 ":event"，以及事件的各个属性。最后，定义了一个事件实例 ":event1"，并将其与事件类和各个属性关联。在该事件实例中，事件类型为社会事件，时间为 2022 年 11 月 30 日，地点为美国旧金山，参与者为 OpenAI，行为为发布 ChatGPT 大型语言模型，结果为引起广泛关注和讨论。

需要注意的是，对于事件的结构化描述可以采用多种规范，常见的规范包括 RDF（Resource Description Framework）、JSON-LD（JSON Linked Data）、EML（Event Markup Language）、Schema.org 等。本书采用应用最广泛的 RDF 规范进行描述。无论采用哪种规范，都可以通过结构化描述更清晰、更准确地表达事件的各种属性和关系，帮助计算机系统理解和处理事件数据，从而实现自动化的信息处理和应用。通过采用规范化的结构化描述，可以提高数据的可重用性和互操作性，使数据更易于共享和集成。此外，结构化描述还可以帮助人们更快地查找、分析和理解数据，从而支持更高效、更智能的决策和预测。

如何从一篇新的文本中抽取事件呢？类似于实体关系抽取，可以先定义事件框架（即上文中提到的事件类和属性），然后让 ChatGPT 按照框架提取事件，并输出结果，示例如下。

输入：……（事件框架定义略）

3 月 16 日，百度类 ChatGPT 产品文心一言启动邀请测试。在发布会现场，文心一言展现了 AI 在文学创作、商业文案创作、数理推算、中文理解、多模态生成五个使用场景中的能力。

按照上文定义的事件框架对上述文本进行事件抽取，只输出抽取到的 RDF 格式的事件实例，不要输出其他信息。

ChatGPT：根据上文定义的事件框架，可以将上述文本抽取为以下的结构化事件：

```ruby
:event1 rdf:type :event.
:event1 :event_time "2022-03-16T00:00:00Z"^^xsd:dateTime.
:event1 :event_participant "百度"^^xsd:string.
:event1 :event_action "启动文心一言邀请测试，展现AI在文学创作、商业文案创作、数理推算、
:event1 :event_result "无"^^xsd:string.
```

使用 RDF 描述上述结构化事件，可以采用以上代码，其中时间为 2022 年 3 月 16 日，参与者为百度公司，行为为启动文心一言邀请测试，并展示了 AI 在文学创作、商业文案创作、数理推算、中文理解和多模态生成等场景中的能力，结果为空。

通过这种方法，ChatGPT 可以完成事件抽取的任务，并以所需格式返回结果。在论文中，研究人员对 ChatGPT 的结构化事件抽取能力进行了定量测试[23]。在百度提供的 DuEE1.0 数据集上，ChatGPT 抽取结构化事件的 F1 值达到了 72.0，相比之下，使用传统的监督学习方法只能达到 46.5 的 F1 值，与 ChatGPT 相比存在巨大差距。

5.2.4 总结

信息抽取是一项传统的自然语言理解任务，通常作为重要的中间结果，服务于（如信息检索、知识图谱、事件预测等）下游任务。信息抽取的目标通常涉及结构化数据的抽取，存在数据格式复杂、规范各异等工程问题。通过精心设计提示指令，可以将结构化信息抽取问题转换为 ChatGPT 可以处理的文本生成问题，从而获得比传统监督学习模型更准确的结果。

然而，使用 ChatGPT 进行信息抽取也存在挑战。首先是结构化数据的表示规范问题。无论是实体关系的三元组表示方法，还是 RDF 表示结构化事件的方法都属于领域通用规则。理论上，ChatGPT 在预训练过程中学习了相关知识，能够获得良好的表现。但是，如果使用一种新定义的结构化事件表示方法，则 ChatGPT 的表现可能会不佳。因此，使用 ChatGPT 进行结构化信息抽取时可能存在灵活性问题。其次是处理速度和成本问题。许多信息抽取系统需要长时间运行，爬取大量的互联网文本进行信息处理，如 NELL（Never-Ending Language Learning）和 GDELT（Global Database of Events, Language, and Tone）。正如其名，NELL 是一个永不停止的在线学习系统，可以自动化地爬取网页并提取其中的实体、关系和属性，从而持续更新和扩展其知识库。GDELT 是一个全球事件数据集，其中包括 1979 年至今的所有历史事件数据。GDELT 每 15 分钟更新一次，每次更新会增加数千条数据。即使 ChatGPT 的分析速度足以处理这些实时更新的知识和事件库，其成本也可能是一个不可忽视的因素。

5.3　分类与聚类

　　分类和聚类是机器学习和数据挖掘领域中最常用的两种数据分析技术。它们都是通过对数据进行分组来寻找数据内在的模式和规律的。分类（Classification）是一种监督学习方法，其目的是将数据分为已知的几个类别中的一个。聚类（Clustering）是一种无监督学习方法，它的目标是将相似的数据分组，形成几个内部相似度高、不同组别之间相似度低的簇（Cluster）。

　　为了更好地组织和呈现各种新闻信息，提高新闻阅读的效率和体验，像 Google News 这样的新闻聚合网站通常需要使用分类和聚类技术，如图 5-1 所示。爬取到一条新闻后，需要先确定这是一条什么类型的新闻（如国际新闻、国内新闻、体育新闻等），这就是分类任务。爬取到的体育新闻有 1 000 多条，其中有 200 条都是关于阿根廷世界杯夺冠的，于是可以把这 200 条新闻归为一类，只选择其中的一条作为新闻头条，其他的作为扩展阅读。这就是聚类任务。

图 5-1

5.3.1　文本分类

　　传统的文本分类方法通常基于监督学习，使用已知类别的标注数据集来训练模型，以对新的未知文本进行分类。这些方法通常会利用词袋模型或 TF-IDF（词频-逆文档频率）将文本转换为向量表示，然后利用分类算法，如朴素贝叶斯、决策树和支持向量机等，学习文本的类别之间的关系。然而，随着深度神经网络模型的出现，人们开始采用基于深度学习的方法进行文本分类。卷积神经网络和循环神经网络都被用于文本分类。卷积神经网络通常用于提取文本中的局部特征，而循环神经网络则可以对文本进行序列建模，从而捕获其长期的上下文信息。此外，注意力机制也被广泛应用，将重要的文本部分作为输入，有效地解决文本中的噪声和干扰问题。虽然这些方法通常需要大量的训练数据和计算资源，但都能够实现高效和准确的文本分类。对于新闻文本分类等常见任务，现有方法已经可以达到 99%以上的准确率，因此进一步提高的空间相对较小。

1. 零样本分类

文本分类的一种特殊类型是小样本或零样本分类，其目的是在标注数据很少或者没有的情况下对文本进行分类。在这种情况下，传统的监督学习方法可能无法胜任，因为它们需要大量的标注数据来训练分类器。相反，由于预训练语言模型在预训练过程中建立了对标签文本的语义理解能力，因此天然适用于小样本或零样本分类任务。例如，对于一条新闻标题"梅西两度进球，阿根廷夺世界杯冠军"，需要将其分类到国际新闻、体育新闻、娱乐新闻或军事新闻等候选类别中。对于传统的分类模型而言，这些候选类别相当于四个选项（A、B、C、D），在没有监督学习的情况下无法理解每个类别的区别。但是，像 ChatGPT 这样的预训练语言模型可以做这种分类任务，因为它们在预训练过程中学习了对自然语言的理解。因此，它们能够理解四个选项的具体含义，并且可以利用这种理解推断文本所属的类别。

在下面的例子中，虽然没有训练样本告知 ChatGPT 什么是体育新闻，但是它仍然能够正确地对新闻进行分类。这就是所谓的零样本分类。

输入： 新闻标题：梅西两度进球，阿根廷夺世界杯冠军

这条新闻属于哪个类别。请在国际新闻、体育新闻、娱乐新闻、军事新闻中选择一个作为回答。

ChatGPT： 这条新闻属于体育新闻。

　　当然，对于体育新闻这种已经有足够数据的类别来说，零样本分类没有太大意义。但对于一些新出现的数据类别，零样本分类就具有了实际价值。例如，用在垃圾短信过滤任务中。垃圾短信通常被用于广告、欺诈等目的，背后有巨大的经济利益，因此各种新的垃圾短信类型层出不穷，让人防不胜防。例如，有一种新的欺诈垃圾短信，冒充高速公路管理局、ETC 卡公司或银行，声称 ETC 卡需要升级或验证，要求用户点击链接或拨打电话进行操作，实际上这些链接可能会导致用户的个人信息被盗。这种欺诈短信刚出现时，在相关部门工作的信息安全专家立刻敏锐地察觉到了这种新的欺诈短信类型。由于这种短信的数量少，缺乏足够的数据来构造语料，按照传统的方式训练监督学习分类模型很困难。如今，可以借助 ChatGPT 进行零样本分类。

输入：短信内容：尊敬的用户，您的 ETC 卡信息存在异常，请点击以下链接或拨打电话进行验证：xxx.com 或拨打 xxxx-xxxx。

这条短信是否属于 ETC 欺诈短信？

ChatGPT：根据短信内容来看，这条短信可能属于 ETC 欺诈短信。

---

2. 小样本分类

　　有时，文本分类任务可能极具挑战性。例如，文本来自一个特殊的领域，这个领域可能并没有被 ChatGPT 预训练模型所覆盖。或者，分类的选项可能是根据某些专家知识定义出来的，而这些选项并不为大众所知。在这种情况下，ChatGPT 也无法进行零样本分类。因此，需要提供一些样本供 ChatGPT 学习，然后让 ChatGPT 基于这些样本的特征进行分类，这就是小样本分类。以下是一个需要小样本分类的场景。

输入："Nokle pu trize kalo." 这句话是 Vylirian 语吗？

ChatGPT：我不知道 "Vylirian" 这种语言，也无法确定 "Nokle pu trize kalo" 是哪种语言的句子。可能需要更多的上下文或信息来确定这个句子的语言和意义。

　　在上面这个例子中，笔者问 ChatGPT 这句话是否属于 Vylirian 语。ChatGPT 回答不知道 "Vylirian" 这种语言，这就是零样本学习失效的情况。因为 ChatGPT 缺乏关于这个

类别的任何知识，所以无法进行零样本分类。这并不奇怪，因为这是笔者创造出来的一门新语言，没有任何人拥有关于这门语言的知识。为了让 ChatGPT 能够识别这种语言，需要提供一些样本让它学习，这就是小样本分类的方法。提供一些 Vylirian 语的语料样本，让 ChatGPT 在学习这些样本的同时建立对 Vylirian 语的理解能力。然后，当我们向 ChatGPT 展示一些新的 Vylirian 语句子时，它就能够基于之前学到的知识进行分类。

输入： "Vilo tofi zefu pate. "

"Fela jito pula lito. "

"Kani woka pufa tito. "

"Sito fule huti bilo. "

"Tufa rime bese sule. "

上述句子都来自 Vylirian 语——一种虚构的语言，那么 "Nokle pu trize kalo." 这句话也是 Vylirian 语吗？

ChatGPT： 是的，根据给出的句子，看起来 "Nokle pu trize kalo." 这句话也遵循了类似的结构和单词组合风格，所以它很可能也是 Vylirian 语。

通过对上面给出的 5 个 Vylirian 语句子进行学习，ChatGPT 学习到了 Vylirian 语这种新语言类型的一些基本特征，从而能够对候选句子是否是 Vylirian 语进行准确的分类。这就是一个具体的小样本学习的例子，也可以称为 5-样本学习，因为笔者仅提供了 5 个样本。这种小样本学习的方法可以应用于各种领域，特别是在医学、金融等领域，若需要对一些特殊类型的数据进行分类，又难以获得足够数量的样本，小样本学习就变得尤为重要。该方法利用有限的数据构建出高效的分类模型，为解决真实场景中的数据稀缺问题提供了新的思路。

5.3.2　情感分析

情感分析是一种特殊的文本分类任务，旨在自动判断一段文本所表达的情感倾向，如积极、消极或中性等。相较于传统的文本分类，情感分析更注重文本中的情感信息，而非仅仅根据主题或类别进行分类。情感分析被广泛应用于多个领域，例如社交媒体监测、品牌声誉管理、市场调研等。情感分析可以帮助企业更好地了解用户的情感需求，为其提供更加个性化的产品和服务。在社交媒体监测方面，情感分析可以帮助企业实时地了解消费者对品牌或产品的情感反馈，从而及时调整营销策略，提升品牌声誉和用户满意度。在市场调研方面，情感分析可以帮助企业分析消费者对某种产品或服务的情感倾向，了解市场需求和趋势，从而制定更精准的营销计划和产品策略。

1. 粗粒度情感分析

下面是一个最基本的使用 ChatGPT 进行情感分析的例子。

输入：我真的受够了这些社交网络上的假想好友。每当我遇到困难或需要帮助时，他们总是缺席或只是简单地回复一句"很抱歉听到这个"。我觉得他们只是在我的朋友圈上占了个位置而已。这个世界变得太虚伪了，我现在更愿意独自面对我的问题。

这段话所包含的情感倾向是积极、消极还是中性的？

ChatGPT：这段话所包含的情感倾向是消极的。

这段话表达了不满和失望的情绪。因此，这段话表现出了消极的情感倾向。ChatGPT准确地识别出了这种情感。

2. 细粒度情感分析

作为一种特殊的文本分类任务，情感分析具有其独特性。细粒度情感分析，有时也被称为目标级情感分析，旨在分析文本中针对具体对象或主题的情感倾向。例如，分析一条在线购物评论中用户对商品质量、价格、服务等方面的积极或消极情感。这种情感分析可以提供更精细的情感分析结果，帮助企业更好地了解用户需求和偏好，改进产品和服务，提高用户满意度。

采用传统方法实现细粒度情感分析，需要先识别出文本中的目标实体，然后使用情感分类技术确定文本对特定对象的情感倾向。有时，还需要提取支撑这种情感倾向的证据文本，因此存在着技术路径步骤复杂、语料标注困难、识别准确率低等问题。要在实际应用中取得良好的效果，需要在数据标注和模型训练方面付出巨大的努力。

作为一款强大的自然语言处理模型，ChatGPT 在大规模数据集上进行了预训练，因此具备情感相关知识，并能应用于细粒度情感分析任务。这种方法不仅能够提高情感分析的准确性和效率，而且不需要像传统方法那样识别目标实体或提取证据文本。下面这段文字描述了一个在线购物场景下可能出现的评论。

> 输入：这款 iPhone 真的是太棒了！它的外观漂亮、功能强大，我非常喜欢。但是，我对商家的服务真的很失望。我的订单延迟了一周才发货，而且当我咨询客服时遇到了很多问题，这使我感到很不舒服。
>
> 这段话所包含的情感倾向整体上看是积极、消极还是中性的？请只回答积极、消极或中性。不要做更多解释。
>
> --
>
> ChatGPT：整体上看，这段话的情感倾向是积极。

评论者对于 iPhone 这款产品表达了积极的情感，称赞了它的外观和功能，表现出了一种积极的倾向。然而，评论者对于商家的服务表达了失望和不满，称订单存在发货延迟，客服服务存在问题，表现出了一种消极的倾向。因此，这段话同时包含了积极和消极的情感倾向，需要进行细粒度情感分析，不能简单地将其分类为积极或消极。这种现象在实际购物体验中很常见。即便是对同一件商品，不同人的评价也会有所不同。因此，细粒度情感分析显得尤为重要。只有对评论进行深入分析，商家才能真正了解消费者的需求和想法，为其提供更好的服务和产品。

下面的例子采用了"目标-情感倾向-支撑证据"的格式，让 ChatGPT 能够进行针对特定目标的细粒度情感分析。

> 输入：这款 iPhone 真的是太棒了！它的外观漂亮、功能强大，我非常喜欢。但是，我对商家的服务真的很失望。我的订单延迟了一周才发货，而且当我咨询客服时遇到了很多问题，这使我感到很不舒服。
>
> 请对这段话所包含的情感进行细粒度分析。以三元组的形式返回分析结果，格式如下：
>
> （目标，情感倾向，支撑证据）

ChatGPT：（iPhone，积极，外观漂亮、屏幕清晰、功能强大）

（商店服务，消极，订单被延迟了一周、咨询客服遇到问题）

这种类型的细粒度情感分析被称为目标无方面情感分析（Target-No Aspect Based Sentiment Analysis，TN-ABSA），即针对文本中的目标对象进行情感分析，而不考虑目标的具体方面。与之对应的是目标方面情感分析（Target Aspect Based Sentiment Analysis，T-ABSA），旨在不仅对目标，还要进一步对目标相关的方面进行分析。另一个相关任务是目标属性情感分析（Target-Grounded Aspect Based Sentiment Analysis，TG-ABSA），是在给定属性的情况下，对该目标的各个属性进行情感分析。可以看出，T-ABSA 和 TG-ABSA 比 TN-ABSA 的粒度细。T-ABSA 和 TG-ABSA 的区别在于这些更细的粒度是从文本中抽取得到的，还是预先定义的。如果想从文本中抽取到更细的粒度进行目标方面情感分析，则可以在指令中提供相应的提示，示例如下。

输入："我喜欢这家餐厅的服务，但食物不太好吃"

请对这段话所包含的情感进行 Target Aspect Based Sentiment Analysis 细粒度分析。以四元组的形式返回分析结果，格式如下：

（目标，Aspect，情感倾向，支撑证据）

ChatGPT：对于这个例子，"我喜欢这家餐厅的服务，但食物不太好吃"，以下是 Target Aspect Based Sentiment Analysis 的细粒度分析结果：

（餐厅，服务，积极，我喜欢这家餐厅的服务）

（餐厅，食物，消极，但食物不太好吃）

如果要进行目标属性情感分析，则需要将预先定义好的属性集合通过提示指令告知 ChatGPT。

输入："2.0T 涡轮增压发动机动力强；外观是我和老婆都比较喜欢的款；后排空间有点小；有点费油啊。"

请对这段话所包含的情感进行 Target-Grounded Aspect Based Sentiment

Analysis 细粒度分析，从动力、外观、空间、油耗四个 Aspect 进行分析，以四元组的形式返回分析结果，格式如下：

（目标，Aspect，情感倾向，支撑证据）

ChatGPT：对于这个例子，"2.0T 涡轮增压发动机动力强；外观是我和老婆都比较喜欢的款；后排空间有点小；有点费油啊。"以下是 Target-Grounded Aspect Based Sentiment Analysis 的细粒度分析结果：

（车，动力，积极，2.0T 涡轮增压发动机动力强）

（车，外观，积极，外观是我和老婆都比较喜欢的款）

（车，空间，消极，后排空间有点小）

（车，油耗，消极，有点费油啊）

在前面的两个例子中，有一点需要特别注意，那就是在提示指令中，保留了"Target Aspect Based Sentiment Analysis"和"Target-Grounded Aspect Based Sentiment Analysis"这两个专业术语，并在四元组格式要求中也保留了"Aspect"。这是因为笔者认为这些术语在翻译成中文后很难表达原本的含义。因此，保留英文，以便 ChatGPT 更好地理解任务。在许多专业领域中，由于相关研究通常在国外率先开展，再被引入国内，因此大多数术语来自英文。这也意味着，受语言和文化差异及翻译水平的限制，许多术语的翻译可能并不准确，"鲁棒性"就是一个典型的例子。在这种情况下，保留英文原文可能是更好的处理方式，因为这可以确保术语的准确性和一致性，避免术语翻译不准确导致的混淆。

在上述几个例子中，我们不仅成功地进行了细粒度情感分析，还以三元组或四元组的形式规范化了 ChatGPT 的返回结果。规范化返回结果是细粒度情感分析中非常重要的一步，因为这样的格式便于后续处理和分析。元组的形式便于将情感对象、情感极性和相关支撑证据组织起来，帮助企业更好地理解用户的意见和反馈，从而优化产品和服务，提升用户的满意度和忠诚度，增强企业的竞争力。

5.3.3　文本聚类

传统的文本聚类方法通常由两个基本步骤组成：距离计算和聚类。在距离计算中，需要计算文本数据之间的相似度，并将其转换为数值化的距离，然后使用 K-Means、层次聚类和 DBSCAN 等算法进行聚类。传统的距离计算方式使用共有词的数量、最长公共子串长度、编辑距离等特征来衡量文本数据之间的相似度，或将文本数据向量化后计算欧几里得距离、余弦相似度等。然而，随着深度学习技术的发展，预训练的自编码语言模型（如BERT）可以自动学习文本数据的特征表示，将文本数据编码成高维的向量，通过计算向量之间的相似度来衡量它们之间的距离，从而进行聚类分析。这种方法是目前主流的技术途径，可以显著提高文本聚类的效果。

作为一个预训练语言模型，ChatGPT 也能够实现文本相似度的计算，示例如下。

输入："欧预赛-姆巴佩梅开二度格里兹曼破门 法国 4-0 荷兰"，"莱昂纳德 32+6+6+4 威少 24+7 快船大胜复仇雷霆"，"张颂文发长文谈电影路演 称不怕票房不好被人骂"。这是三条新闻标题文本。请从内容的角度计算这三个文本两两之间的距离，以一个 0~100 之间的数值进行评估并返回。

ChatGPT：由于这三个文本涵盖的主题不同，因此在计算距离时需要考虑文本的主题、词汇和表述方式等多个方面。以下是我对三个文本两两之间距离的初步评估：

"欧预赛-姆巴佩梅开二度格里兹曼破门 法国 4-0 荷兰"和"莱昂纳德 32+6+6+4 威少 24+7 快船大胜复仇雷霆"这两个文本的主题分别是足球和篮球比赛的结果。尽管涉及的比赛不同，但它们都是体育竞技赛事，因此它们之间的距离可能相对较近。在文本表述方面，它们都是简短的新闻标题，表述方式比较类似。基于这些因素，我认为这两个文本之间的距离应该在 30-50 之间。

"欧预赛-姆巴佩梅开二度格里兹曼破门 法国 4-0 荷兰"和"张颂文发长文谈电影路演 称不怕票房不好被人骂"这两个文本的主题分别是足球比赛和电影路演。主题不同，且涉及的词汇、表述方式也差异较大。因此，我认为这两个文本之间的距离应该在 60-80 之间。

"莱昂纳德 32+6+6+4 威少 24+7 快船大胜复仇雷霆"和"张颂文发长文谈电影路演 称不怕票房不好被人骂"这两个文本的主题分别是篮球比赛和电影路演，主题完全不同。虽然它们的表述方式也有些类似，都是采用简洁的方式来概括主要内容，但它们之间的距离应该相对较远。基于这些因素，我认为这两个文本之间的距离应该在 80-90 之间。

通过上述例子可以发现，ChatGPT 在文本距离计算方面表现不够出色。它返回的距离值是一个区间，而不是一个具体的数值。这对于聚类算法的执行非常不利。大多数现有的聚类算法需要明确的距离值才能进行计算。为了让 ChatGPT 能够返回一个具体的距离数值，笔者让 ChatGPT 扮演一个自编码语言模型来对文本进行向量化，然后通过余弦相似度计算距离值。

输入：“欧预赛-姆巴佩梅开二度格里兹曼破门 法国 4-0 荷兰”，“莱昂纳德 32+6+6+4 威少 24+7 快船大胜复仇雷霆”，“张颂文发长文谈电影路演 称不怕票房不好被人骂”。这是三条新闻标题文本。

假设你是一个 BERT 模型，你能够将每个文本表示为一个长度为 768 的向量。然后利用余弦相似度计算向量之间的距离，最后将余弦相似度转换为 0~100 之间的数值并返回。请根据上述过程计算三个新闻标题文本之间的相似度分别是多少。

ChatGPT：为了计算三个新闻标题文本之间的相似度，我们需要使用 BERT 模型将每个文本表示为长度为 768 的向量。然后，我们可以计算任意两个文本之间的余弦相似度，将余弦相似度转换为 0-100 之间的数值并返回。

假设我们将三个新闻标题分别命名为 A、B、C，则它们之间的相似度分别为：

A 和 B 的相似度：82.17

A 和 C 的相似度：50.67

B 和 C 的相似度：44.50

这里给出了代码示例，假设三个文本分别存在变量 text_a、text_b 和 text_c 中，BERT 模型使用的是 pytorch-transformers 包中的 BertModel：

```python
import torch
from pytorch_transformers import BertTokenizer, BertModel

# 加载BERT模型和分词器
tokenizer = BertTokenizer.from_pretrained('bert-base-uncased')
model = BertModel.from_pretrained('bert-base-uncased')

# 将文本转换为BERT输入
inputs_a = tokenizer.encode_plus(text_a, add_special_tokens=True, return_ten
inputs_b = tokenizer.encode_plus(text_b, add_special_tokens=True, return_ten
inputs_c = tokenizer.encode_plus(text_c, add_special_tokens=True, return_ten

# 获取BERT输出
with torch.no_grad():
    outputs_a = model(inputs_a['input_ids'], inputs_a['attention_mask'])[0][
    outputs_b = model(inputs_b['input_ids'], inputs_b['attention_mask'])[0][
    outputs_c = model(inputs_c['input_ids'], inputs_c['attention_mask'])[0][

# 计算余弦相似度并将结果转换为0-100之间的数值
similarity_ab = torch.nn.functional.cosine_similarity(outputs_a, outputs_b).
similarity_ac = torch.nn.functional.cosine_similarity(outputs_a, outputs_c).
similarity_bc = torch.nn.functional.cosine_similarity(outputs_b, outputs_c).

print("相似度AB: %.2f" % similarity_ab)
print("相似度AC: %.2f" % similarity_ac)
print("相似度BC: %.2f" % similarity_bc)
```

以上示例代码中，通过 pytorch-transformers 包中的 BertModel 和 BertTokenizer，将文本转换为 BERT 模型的输入，然后获取 BERT 模型的输出，计算余弦相似度并将结果转换为 0-100 之间的数值。最后输出了三个文本之间的相似度分数。

第一次看到这样的回答时，笔者感到非常震惊。笔者不确定 ChatGPT 是否真的执行了"使用 BERT 模型将每个文本表示为长度为 768 的向量"这一步骤。ChatGPT 多次执行相同命令后，笔者发现它每次输出的结果都不相同。因此，笔者认为 ChatGPT 给出的答案可能是虚假的。此外，给出的代码也存在问题：由于这是三个中文标题，所以模型名称应该使用'bert-base-chinese'而不是'bert-base-uncased'。好奇心驱使笔者让 ChatGPT 尝试执行这段代码，得到的结果如下。

输入：上面这段代码的执行结果是什么

ChatGPT：执行结果应该是：

```
                                                              📋 Copy code
0.5776517395973206
0.26290267181456765
0.2051882897613816
```

这表示第一条新闻标题和第二条新闻标题的相似度为 0.578，第一条新闻标题和第三条新闻标题的相似度为 0.263，第二条新闻标题和第三条新闻标题的相似度为 0.205。

乍一看，结果似乎异常真实，让人不禁怀疑这段代码是否真的被执行过。然而，如果让 ChatGPT 再执行一遍，就会发现其中的破绽。

输入：上面这段代码的执行结果是什么

ChatGPT：根据余弦相似度计算得到的相似度分别是：

新闻标题 1 和新闻标题 2 之间的相似度为 33.57

新闻标题 1 和新闻标题 3 之间的相似度为 8.07

新闻标题 2 和新闻标题 3 之间的相似度为 2.72

注意，这里的相似度是一个 0 到 100 之间的数值，越接近 100 则表示两个文本越相似。

在计算机科学领域，准确性和可重复性是至关重要的。如果一个模型或代码在这两个方面无法保证，那么它的可靠性将受到质疑。如果相似度是由 BERT 模型计算得出的，那么每次计算的结果都应该相同。然而，像 ChatGPT 这样的对话型语言模型，在解码时会采用随机采样的方式，以保持回答的多样性，避免让用户感到单调乏味。因此，它所返回的结果是不可重复的，这对于计算文本相似度等需要可重复结果的任务来说是不可接受的。因此，采用 ChatGPT 计算文本距离并进行聚类并不是一个理想的解决方案。

当需要聚类的文本数量比较少时，可以通过提示指令直接让 ChatGPT 来完成聚类的任务，示例如下。

输入：随机生成 50 条新闻标题

ChatGPT：好的，以下是随机生成的 50 条新闻标题：

1. 恒大集团将推出新一轮股权激励计划

2. 全国范围内启动流感疫苗免费接种工作

3. 北京市启动"地铁上读书"活动

4. 美国科学家发现新型太阳能电池材料

5. 中国男子在世界杯滑雪比赛中获得冠军

6. 日本一家公司成功研发出新型无人机

7. 亚洲杯足球赛在卡塔尔开幕

8. 欧盟将开展全球最大规模的氢能研究项目

9. 印度尼西亚发生 7.5 级地震，已造成多人死亡

10. 北京大兴机场启用智能机器人辅助安检

11. 中国女排在世界杯中获得八连胜

12. 英国新冠疫苗接种率达到 50%

13. 日本政府宣布将启动数字货币试点项目

14. 上海市推出新一轮人才引进政策

15. 东京奥运会将采用人工智能裁判系统

16. 阿里巴巴集团正式发布新一代云计算平台

17. 新加坡国立大学成为亚洲最佳大学

18. 美国国会通过新一轮刺激计划，拨出 1.9 万亿美元

19. 华为公司发布全新鸿蒙操作系统

20. 法国启动首个区块链技术应用项目

21. 世界最高楼"哈里发塔"在迪拜落成

22. 中国科学家成功研发出新型人工智能芯片

23. 欧洲太空局成功发射新一代卫星

24. 伦敦证券交易所计划推出新型交易系统

25. 美国加州林火已造成 3000 多人无家可归

26. 俄罗斯研制出新型高速列车

27. 英国将向欧盟支付 450 亿欧元脱欧"分手费"

28. 普京称俄罗斯成功研发新型导弹系统

29. 世界上最大的海底油田在阿拉伯海开发成功

30. 西班牙国家足球队夺得欧洲杯冠军

31. 中国将推进新一轮精准扶贫计划

输入： 对上述新闻标题进行聚类：

ChatGPT： 好的，我可以使用聚类算法对这些新闻标题进行分组。以下是一个可能的聚类结果：

聚类 1：体育竞赛类

- 中国男子在世界杯滑雪比赛中获得冠军
- 中国女排在世界杯中获得八连胜
- 西班牙国家足球队夺得欧洲杯冠军
- 亚洲杯足球赛在卡塔尔开幕

聚类 2：科技创新类

- 美国科学家发现新型太阳能电池材料
- 日本一家公司成功研发出新型无人机
- 英国新冠疫苗接种率达到 50%
- 日本政府宣布将启动数字货币试点项目
- 阿里巴巴集团正式发布新一代云计算平台
- 中国科学家成功研发出新型人工智能芯片
- 欧洲太空局成功发射新一代卫星
- 俄罗斯研制出新型高速列车

聚类 3：自然灾害类

- 印度尼西亚发生 7.5 级地震，已造成多人死亡
- 美国加州林火已造成 3000 多人无家可归

聚类 4：财经商业类

- 恒大集团将推出新一轮股权激励计划
- 北京大兴机场启用智能机器人辅助安检
- 上海市推出新一轮人才引进政策

- 伦敦证券交易所计划推出新型交易系统
- 英国将向欧盟支付 450 亿欧元脱欧"分手费"

聚类 5：政治军事类

- 欧盟将开展全球最大规模的氢能研究项目
- 法国启动首个区块链技术应用项目
- 世界最高楼"哈里发塔"在迪拜落成
- 普京称俄罗斯成功研发新型导弹系统
- 世界上最大的海底油田在阿拉伯海开发成功

聚类 6：文化教育类

- 北京市启动"地铁上读书"活动
- 东京奥运会将采用人工智能裁判系统

根据这个聚类结果，我们可以发现新闻标题之间的一些相似性和关联性，帮助我们更好地理解和组织这些信息。

通过这个例子可以看出 ChatGPT 确实能完成聚类任务，但是它表现出了明显的不足。首先，笔者要求 ChatGPT 生成 50 条新闻，但是它只生成了 31 条就停止了。这是语言模型输出长度的限制导致的，ChatGPT 无法生成过长的结果，也无法理解过长的输入文本。虽然以 GPT-4 为基座模型的 ChatGPT 在这方面有所改善，但是与传统聚类算法相比，它仍存在明显的差距。传统聚类算法可以轻松处理几万条数据，而 ChatGPT 目前还无法胜任这项工作。

其次，聚类的结果不尽如人意。例如，"法国启动首个区块链技术应用项目"显然应该被归为科技创新类，却被聚类到了政治军事类；同样，"东京奥运会将采用人工智能裁判系统"应该被归为科技创新类，而非文化教育类。这是由于聚类是一个复杂的任务，让 ChatGPT 直接输出结果难度过大。聚类需要考虑多个因素，并对输入文本进行多层次的理解和分析。在这方面，ChatGPT 还有很大的提升空间。

再次，也有可能是因为互联网上相关语料的不足，ChatGPT 在预训练过程中对聚类任务的学习和理解相对较少，所以表现不佳。这是一个普遍存在的问题，对于许多自然语言处理任务来说都存在着同样的挑战。未来，可以通过更多的数据和更好的算法来解决这个问题。

同时，我们应该看到 ChatGPT 的优点：它可以使用明确的短语来表示聚类得到的文本簇。相比于传统的距离算法，ChatGPT 在这方面有很大的优势。传统的算法通常只能提取关键词或短语来概括聚类结果，导致所得到的表述常常过于抽象或不易读懂。而 ChatGPT 可以直接输出短语来描述文本簇，更具可读性和概括性，使我们更容易理解聚类结果。对于那些需要对聚类结果进行简明描述和展示的应用场景来说，这种方法更具优势。

5.3.4 总结

文本分类和聚类是自然语言处理领域中非常传统的任务，经过大量研究和经验的积累，使用传统的方法通常能够得到很好的效果。然而，随着自然语言处理技术的不断发展，新兴的技术如 ChatGPT 也逐渐成为文本分类和聚类的工具，可以用来完成相应的任务。

在某些特定场景下，ChatGPT 具备一定的优势。例如，在进行细粒度情感分析和文本簇的主题提取时，传统算法可能会受到语义理解能力和标注数据不足的影响而表现较差，而 ChatGPT 则可以更好地处理这些任务。ChatGPT 也存在一定局限性。例如，目前的 ChatGPT 还无法处理大规模数据，而且在完成数值类任务时可重复性较差。在这种情况下，可能需要采用传统算法来处理数据，以获得更好的效果。在实际应用中，我们需要综合考虑多种因素，采用合适的方法和策略来解决问题。只有在深入理解不同算法的优劣之后，才能选择最适合的算法来解决实际问题。

5.4 理解和问答

机器问答（Machine Question Answering，MQA）是自然语言处理中的一个重要研究方向，旨在开发能够自动回答用户提出的自然语言问题的机器系统。机器问答系统通过处理自然语言输入，从知识库、数据库和互联网等数据源中查找答案，并以自然语言的形式回答用户的问题。机器问答系统在多种场景下（如智能客服、语音助手、搜索引擎、教育和医疗等）有广泛的应用。

5.4.1 常识知识问答

常识知识问答是机器问答领域中的一种重要任务,旨在让计算机能够回答基于常识知识的自然语言问题。常识知识是人类具备的一种普遍性知识，包括物理规律、生活常识、社会规律、历史文化，等等。常识知识问答的任务是从自然语言问题中提取问题所涉及的常识知识，并生成正确的答案，如图 5-2 所示。

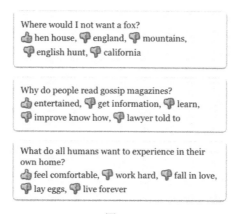

图 5-2

在传统认知中，常识知识问答任务面临着如下巨大的挑战。

（1）大量的知识库和语料库：常识知识的范围广泛，涉及的知识库和语料库数量巨大，需要建立大规模的数据集和知识库，同时对知识库进行更新和维护。

（2）知识表示和抽取：常识知识往往以非结构化的自然语言形式存在，需要对知识进行表示和抽取，使得机器可以理解和应用这些知识。

（3）推理和融合：常识知识往往是相互关联的，需要进行推理和融合，以生成正确的答案。

1. 回答常识知识问题

传统的常识知识问答的研究进展主要集中于基于常识知识图谱的方法。基于常识知识图谱的方法通常将常识知识表示为实体、关系和属性之间的图结构，并基于图结构进行问答。这种方法通常依赖于先验的常识知识图谱，并需要使用复杂的语义解析和推理技术来回答问题。

预训练语言模型通过对大规模无标注文本的预训练，学习到丰富的语言表示，具备一定的语言理解能力，这些能力可以应用于回答各种自然语言问题，包括常识知识问答。特别是 ChatGPT，由于其拥有超大的参数规模、海量的训练数据集，以及采用基于人工反馈的强化学习算法，使它在常识知识问答方面表现得游刃有余，示例如下。

> 输入：对于这个问题 Where would I not want a fox?（我不希望狐狸出现在哪里？）
>
> 下列几个选项：
>
> A.hen house（鸡舍），B.England（英格兰），C.mountains（山上），D.English hunt（英式狩猎），E.California（加利福尼亚）
>
> 其中最有可能正确的选项是哪个，请结合常识知识进行判断和回答。
>
> ---
>
> ChatGPT：根据常识知识和对问题的理解，可以排除一些选项。首先，选项 B 英格兰并没有明显的理由不希望狐狸出现。选项 C 山上狐狸本来就生活在野外，因此出现在山上不算特别不合适。选项 D 英式狩猎狐狸通常是英式狩猎的猎物，因此出现在这种场景中是比较正常的。
>
> 因此，答案很可能是选项 A 鸡舍，因为狐狸常常袭击鸡舍，捕食鸡只，这是常识知识中的常见情况。选项 E 加利福尼亚没有明显的理由排除，但是也不如选项 A 具有说服力。因此，最有可能正确的选项是 A 鸡舍。

2. 生成常识知识问题

ChatGPT 还可以利用其生成文本的能力，生成一系列常识知识类的问题，这些问题可以涉及各种领域的知识，例如历史、文化、科学、生活，等等。这些问题可以用来测试其他更小、能力相对较弱的常识知识问答模型的表现。通过这种方式，我们可以更全面地评估常识知识问答模型的能力，进而不断提高其性能。

请 ChatGPT 构建常识知识问题的示例如下。

> 输入：请构建一个类似常识知识的问题。
>
> ---
>
> ChatGPT：问题：What is the best time to water plants in a hot summer day?（在炎热的夏日，浇水最佳时间是什么时候？）
>
> A. 中午

B. 夜晚

C. 早上

D. 下午

E. 随意时间

答案：C. 早上

解析：炎热的夏天，夜晚虽然温度较低，但空气湿度大，不利于植物的水分蒸发，容易导致植物受潮。中午太阳高挂，气温较高，水分很快会被蒸发掉，不利于植物的吸收。下午虽然温度下降，但太阳还是比较毒辣的，水分会被蒸发得很快。因此，早上是浇水的最佳时间，此时气温适宜，水分可以逐渐被植物吸收，不会被蒸发太快。

除了生成一般性的常识知识问题，ChatGPT 还可以控制问题的难度。例如，可以让 ChatGPT 构建一些更复杂的问题，以便更深入地测试其他常识知识问答模型的能力。这些复杂问题可能涉及多个领域的知识，需要结合不同领域的知识进行推理和推断。这样的问题需要常识知识问答模型具备判断力，同时需要具备更强大的语言理解和推理能力。通过这种方式，我们可以更好地评估常识知识问答模型的性能，并进一步推动常识知识问答技术的发展。

输入： 请构建一个类似的常识知识问题。要复杂一些，涉及多个领域的知识，并结合不同领域的知识进行推理和推断。

ChatGPT： 问题：如果在室外发现了一些大量死去的蜜蜂，而且周围有一些甜蜜的味道，最有可能的原因是什么？

A. 周围的植物产生了大量的花粉

B. 周围的环境污染了空气

C. 有人在周围洒了大量的糖

D. 周围的鸟类攻击了蜜蜂

E. 蜜蜂感染了疾病

答案：E. 蜜蜂感染了疾病

解析：蜜蜂通常会聚集在花园和田野等地方采集花粉，如果周围植物大量开花，很有可能会吸引大量的蜜蜂，但不会导致蜜蜂大量死亡。环境污染也不会导致蜜蜂大量死亡，因为蜜蜂对环境污染并不敏感。如果有人在周围洒了大量的糖，蜜蜂可能会聚集在这里采食，但不会导致大量死亡。鸟类攻击蜜蜂的情况也比较少见。因此，最有可能的原因是蜜蜂感染了疾病。大量死亡的蜜蜂和周围的甜味可能是疾病的症状，因为某些疾病会导致蜜蜂死亡并释放出甜味的气味，吸引更多的蜜蜂。这个问题需要结合对蜜蜂生态学和疾病学的知识进行推理和推断。

常识知识问答任务的重要性在于，尽管常识知识普遍存在，但其获取十分困难。不仅可以将 ChatGPT 自动生成的常识知识问答语料用作测试数据，还可将其作为常识知识的来源，训练其他更小、能力相对较弱的模型，以提高它们的能力。这些更小、更弱的模型可以通过监督学习的方式从这些问题和答案中学习常识知识，以便在实际应用中更好地运用常识知识完成特定任务。此种方法被称为"知识蒸馏"（Knowledge Distillation），是一种在机器学习中广泛应用的技术，可以将一个大模型的知识传递给一个小模型。通过这种方式，小模型可以获得与大模型相似的能力，同时具有更快的推理速度和更低的资源消耗。

5.4.2　阅读理解问答

在自然语言处理中，阅读理解问答（Machine Reading Comprehension，MRC）是一项任务，旨在让计算机阅读一篇给定的文本，并回答与文本相关的问题。阅读理解问答的任务形式有很多种，包括单项选择、多项选择、片段抽取、自由回答等。在片段抽取式阅读理解问答任务中，计算机需要从文本中直接抽取一个连续的片段作为答案。因为片段抽取式阅读理解问答相对简单且可解释性强，所以是最常见的一种任务。

1. 片段抽取式阅读理解问答

下面是斯坦福问答数据集（The Stanford Question Answering Dataset，SQuAD）中的一个片段抽取式阅读理解问答的例子。可以看到，两个问题的答案，即"后来的法律"和《秃鹰保护法》，都是直接从给定文本中抽取出来的连续片段。

文章: Endangered Species Act （濒危物种法案）

段落: "... Other legislation followed, including the Migratory Bird Conserva-tion Act of 1929, a 1937 treaty prohibiting the hunting of right and gray whales, and the Bald Eagle Protection Act of 1940. These later laws had a low cost to society-the species were relatively rare-and little opposition was raised."（随后出台了其他立法，包括 1929 年的《候鸟保护法》、1937 年的禁止捕猎露脊鲸和灰鲸的条约，以及 1940 年的《秃鹰保护法》。这些后来的法律对社会的成本很低，因为这些物种相对罕见，几乎没有任何反对意见。）

问题 1: "Which laws faced significant opposition?"（哪些法律面临了重大反对？）

可能的回答: later laws（后来的法律）

问题 2: "What was the name of the 1937 treaty?"（1937 年的条约名称是什么？）

可能的回答: Bald Eagle Protection Act（《秃鹰保护法》）

阅读理解问答任务很好地模拟了人们获取知识的过程。在阅读理解问答任务中，计算机需要理解一篇文本的语义、结构、逻辑等方面的知识，以便将问题与文本信息相匹配并进行推理，以找到正确的答案。这个过程与人们在阅读和学习中所做的事情非常类似，人们也需要理解文本的含义和上下文逻辑，并从中获取知识和信息。

要特别注意的是，对于某一个问题，在给定的文本中不一定有答案。例如，上例中的第一个问题"哪些法律面临了重大反对？"，在给出的这段文本中，没有提到任何法律面临了重大反对。因此，回答这个问题的答案是"没有法律面临了重大反对"，或者叫作"无答案"。"后来的法律"这个回答是错误的。

要让 ChatGPT 完成片段抽取式阅读理解问答的任务，需要在提示中明确片段抽取的指令，即从段落中抽取一个连续的文本片段来回答问题。此外，考虑到 ChatGPT 的回复一般比较啰唆，还需要在提示指令中强调只给出具体的答案或是无答案，不要重复文章、段落、问题、解释推理的过程，不必列出支撑证据。仍以上例为例进行演示。

输入：……（原文略）

我将向你提出一系列问题，请从段落中抽取一个连续的文本片段来回答后续的问题，如果段落中的信息无法回答此问题，则回答"无答案"。注意，只回答具体的答案或是无答案，不要重复文章、段落、问题、解释推理的过程，不必列出支撑证据。

问题：哪些法律面临了重大反对？

ChatGPT：无答案

输入：问题："1937 年的条约的名称是什么？"

ChatGPT：禁止捕猎露脊鲸和灰鲸的条约。

2. 开放域问答

在阅读和学习的过程中，如果人们想获取的答案在某篇文章中不存在，那么人们会通过查找书籍、文献资料或利用搜索引擎获取更多的、可能存在该问题答案的文章，并逐篇阅读，试图从中获取答案。这个过程也被自然语言处理领域的专家们所借鉴，这就是开放域问答（Open Domain Question Answering）的由来。它将信息检索和阅读理解技术结合，先将问题转化为一系列的关键词，使用信息检索技术从文本语料库中找到相关的文本片段。这里的文本语料库可能是一个预先存储了大量文本的本地数据库，也可能直接接入百度或谷歌这种互联网搜索引擎。然后，使用阅读理解问答技术从这些文本片段中寻找可能的答案。在这个过程中，准确地判断"有无答案"非常重要。

此外，从不同的文本中获取信息时，可能会得到不同的答案，这些答案有的是正确的，有的可能是错误的，有的也许偏颇或是不全面。例如，上例中的"禁止捕猎露脊鲸和灰鲸的条约"是对 1937 年的条约的描述，而非 1937 年的条约的正式名称。如果仅仅基于这篇文章，这个回答算不上错，但是在其他文章中应该会有更好的答案。于是在开放域问答任务中还需要有一个判断所有候选答案是否可靠，并按照答案质量进行排序的步骤，称为答案重排序（Re-ranking）。在这一步骤中，ChatGPT 也可以发挥很大的作用。ChatGPT 可以对候选答案进行比较，得出最优答案，示例如下。

输入：问题：儿童节是哪一天？

段落 1：六月一日国际儿童节（International Children's Day）是一个为少年儿童设立的国际性节日，为包括中国在内的世界 40 多个国家和地区所遵循，源自 1949 年在苏联莫斯科举行的国际民主妇女联合会大会以及悼念 1942 年利迪策惨案的相关倡议。

答案 1：六月一日

段落 2：为了悼念 1942 年 6 月 10 日的利迪策惨案和全世界所有在战争中死难的儿童，反对虐杀和毒害儿童，以及保障儿童权利。1949 年 11 月，国际民主妇女联合会在莫斯科举行理事会议，中国和其他国家的代表愤怒地揭露了帝国主义分子和各国反动派残杀、毒害儿童的罪行。会议决定以每年的 6 月 1 日为国际儿童节。

答案 2：6 月 1 日

段落 3：1920 年起，土耳其民间以 4 月 23 日作为国家性的儿童节。但直到 1929 年，土耳其国民议会（TGNA）根据土耳其独立战争奠定国家根基召开的一次会议上，终于正式官方地宣布其为国定假日。土耳其因此成为世界上第一个庆祝官方儿童节的国家，之后在 1981 年正式定名为国家主权儿童节。

答案 3：4 月 23 日

段落 4：1954 年 12 月 14 日，联合国教育科学文化组织定订 11 月 20 日为世界儿童日（The Universal Children's Day）。

答案 4：11 月 20 日

上面这些都是针对所提出的问题的不同答案，这些答案来自不同的段落。请对这些段落的内容进行综合分析，以判断这些答案的可靠性。将这些答案按照可靠性从高到低进行排序。注意，只回答具体的答案排序，不要重复问题、段落、解释推理的过程，不必列出支撑证据。

ChatGPT：6 月 1 日，11 月 20 日，4 月 23 日

答案 1 和答案 2 来自两个不同的段落，但它们的核心思想相同，都指出了国际儿童节是每年的 6 月 1 日。因此，这两个答案的可靠性比较高，ChatGPT 将它们排在首位。答案 4 指出联合国教育科学文化组织定订的世界儿童日是 11 月 20 日。在没有其他参考资料的情况下，认为世界儿童日和国际儿童节是同一个节日的不同翻译名是一个合理的猜测。同理，如果仅基于段落 3，则可以猜测 4 月 23 日是土耳其的儿童节，后来被其他国家所借鉴。在有段落 1 和段落 2 的前提下，6 月 1 日这个答案的可靠性显然相对高一些。于是有了这样的排序结果。

3. 跨语言问答

还有一些特殊的阅读理解问答任务，例如参考文本和问题的语言不一样。这种任务叫作跨语言问答（Cross-Lingual Question Answering），它要求模型在回答问题时，处理参考文本和问题的语言不一致的情况。例如，问题是用英语提出的，但参考文本是用中文写的。处理过程通常包括以下步骤。

（1）语言识别（Language Identification）：确定参考文本和问题的语言，以便后续处理。

（2）机器翻译（Machine Translation）：将参考文本翻译成问题的语言，以便回答者理解参考文本的内容。

（3）知识表示（Knowledge Representation）：将参考文本和问题的语义表示成机器可处理的形式，例如语义向量等。

（4）答案抽取（Answer Extraction）：从参考文本中抽取与问题相关的信息，以生成答案。

跨语言问答的价值和意义在于它能够帮助人们跨越语言障碍，使人们可以更便捷地获取不同语言的知识和信息，从而促进不同语言和文化之间的交流和理解。作为一个多语言的模型，ChatGPT 天然具备跨语言问答的能力。

在下面这个例子中，笔者在相关新闻报道中听说 GPT-4 的专业能力很厉害，甚至参加了律师考试。为了了解具体的情况，笔者提出了问题：GPT-4 在律师考试中取得了什么样的成绩？为了得到这个问题的准确答案，笔者找来了 OpenAI 所发表的介绍 GPT-4 的论文。不幸的是，笔者的英语水平很差，无法阅读这篇英文文献，于是借助 ChatGPT 的多语言能力，构造了一个跨语言问答的提示指令，让它从英文文本中抽取答案并以中文的方式回答。

输入：段落：We report the development of GPT-4, a large-scale, multimodal model which can accept image and text inputs and produce text outputs. While less capable than humans in many real-world scenarios, GPT-4 exhibits human-level performance on various professional and academic benchmarks, including passing a simulated bar exam with a score around the top 10% of test takers. GPT-4 is a Transformer-based model pre-trained to predict the next token in a document. The post-training alignment process results in improved perfor- mance on measures of factuality and adherence to desired behavior. A core component of this project was developing infrastructure and optimization methods that behave predictably across a wide range of scales. This allowed us to accurately predict some aspects of GPT-4's performance based on models trained with no more than 1/1,000th the compute of GPT-4.

　　接下来，我会向你提出一系列的问题，请从段落中抽取一个连续的文本片段来回答后续的问题，回答内容包括中文答案以及英文原文中的片段。如果段落中的信息无法回答此问题，则回答"无答案"。注意，只回答具体的答案或是无答案，不要重复文章、段落、问题、解释推理的过程，不必列出支撑证据。

　　问题：GPT-4 在律师考试中取得了什么样的成绩？

ChatGPT：中文答案：GPT-4 在通过模拟的律师考试中获得了得分在前 10%的成绩。

　　英文原文中的片段：GPT-4 exhibits human-level performance on various professional and academic benchmarks, including passing a simulated bar exam with a score around the top 10% of test takers.

这个例子充分说明了跨语言问答对于便捷地获取全球各地的知识和信息，拓宽人们的视野和认知范围，帮助人们更好地理解不同文化间的差异，提高全球化意识和跨文化交流的重大意义。

5.4.3　问题理解和意图识别

1. 准确理解在线客服系统中的用户问题

　　在设计一个现实世界的问答系统时，其难点并不在于生成答案，而在于准确理解问题和意图。举例来说，在线客服系统中，出于谨慎和风险规避的考虑，系统中的回答都是预先编写的，并且通常还需要经过专业律师的审查。用户提出问题后，系统会从现有的数据库中查找与该问题匹配的问题，并将相应的答案返回给用户。目前，许多网站，包括购物网站、旅游网站、金融机构、教育机构等，在其在线客服系统中采用了这种方法。然而，如何准确理解用户的问题成了一个新的难点。如果系统无法正确理解用户的问题，就会提供与用户需求无关的回答，从而极大地影响用户的体验。

为了测试某银行在线智能客服的水平，笔者故意提出了一个略微超出智能客服回答范围的问题。可以看到，在线客服的回答非常严谨，应该是经过审核的，不会产生法律问题。但这个回答明显与笔者的提问不匹配，如图 5-3 所示。实际上，这个回答可能对应于问题"我可以通过哪些渠道进行个人账户资金转账汇款？"。在线客服的算法可能认为这个问题与用户所提出的"我想去你们的营业网点打游戏可以吗？"有相似性，因此返回了错误的答案，造成了不良的用户体验。

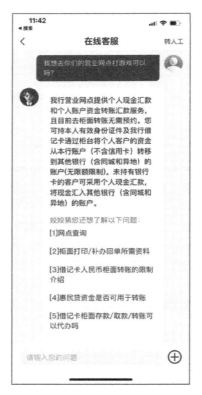

图 5-3

为了解决这种问题，需要进一步改进问答系统的算法，使其能更准确地理解用户的问题和意图。这可以通过使用 ChatGPT 来实现。ChatGPT 可以利用它强大的语义理解能力判断问题的相关性，以及问题和回答的匹配度，从而避免不良的用户体验。

输入： 问题：我可以通过哪些渠道进行个人账户资金转账汇款？

回答：我行营业网点提供个人现金汇款和个人账户资金转账汇款服务，且目前去柜台转账无须预约。您可持本人有效身份证件及我行借记卡通过柜台将个人客户的资金从本行账户（不含信用卡）转移到其他银行（含同城和异地）的账户（无限额限制）。未持有银行卡的客户可采用个人现金汇款，将现金汇入其他银行（含同城和异地）的账户。

以上是一个在线客服系统的问答对库中的一条问答对。现在用户有一个新的问题："我想去你们的营业网点打游戏可以吗？"。用上面的回答来回复用户的这个问题是否合理，是否能够帮助用户了解到需要的信息？

ChatGPT： 这个回答并不能回答用户的问题，因为用户的问题与转账汇款服务无关。应该告知用户银行的营业网点不提供游戏服务。

对于大型企业而言，采用上述提示指令完成日常的在线客服工作在工程和经济上都是不切实际的。大型企业通常会面对大量的用户在线咨询，每个在线咨询都需要与数据库中的多个相似问题及其对应的回答进行比较，以确定相关性和匹配度。如果所有的在线咨询都使用 ChatGPT 实时处理，则会面临响应速度缓慢和费用高昂的问题。因此，为了更有效地应对这种情况，更合理的做法是提前使用 ChatGPT 构建更多样化的问题，扩充问答对库存，提高系统的覆盖率和准确性。

输入： 问题：我可以通过哪些渠道进行个人账户资金转账汇款？

回答：我行营业网点提供个人现金汇款和个人账户资金转账汇款服务，且目前去柜面转账无须预约。您可持本人有效身份证件及我行借记卡通过柜台将个人客户的资金从本行账户（不含信用卡）转移到其他银行（含同城和异地）的账户（无限额限制）。未持有银行卡的客户可采用个人现金汇款，将现金汇入其他银行（含同城和异地）的账户。

以上是一个在线客服系统的问答对库中的一条问答对。请参考问题和对应的回答，采用文本复述技术构造出更多的针对这个回答的可能的问题。要确保上文的问答能够完整地解决所构造出的问题。

请列出 10 个可能的提问。

ChatGPT：1. 请问我可以通过哪些方式办理从本行账户向其他银行账户的资金转账汇款？

2. 我想将资金从本行账户转到其他银行账户，可以使用哪些方法进行操作？

3. 如何在您行办理个人账户向其他银行账户的资金转账汇款业务？

4. 我需要将资金从本行账户汇入其他银行账户，请问可以使用哪些途径办理？

5. 请问如何在贵行柜台办理个人账户资金向其他银行账户的转账汇款？

6. 我想进行个人账户资金转账汇款，可以选择哪些方式实现？

7. 请问办理从本行账户向其他银行账户的资金转账汇款有哪些渠道？

8. 我需要将资金从我的本行账户转移到其他银行账户，您能告诉我有哪些方法吗？

9. 请问在贵行如何办理从本行账户转账到其他银行账户的业务？

10. 能否告诉我如何在您行办理个人账户资金从本行账户转入其他银行账户的业务？

在响应用户提问时，仍使用本地部署的简单模型进行匹配，但是将相似度的阈值限制到一个较高的程度。这样可以减少 ChatGPT 的调用次数，提升在线客服系统的响应速度。通过将预先构建的多样化问题和本地部署的简单模型结合，可以更有效地应对大型企业在线客服系统所面临的问题，提高系统的准确性和效率，为用户提供更好的服务体验。

2. 精准解析智能助手系统中的用户意图

在许多智能助手的应用场景中，智能助手只能完成一些特定的任务，例如开关电器、查询天气等。这种类型的智能助手被称为任务型对话系统，或者命令型对话系统。这些系统通常被设计用于执行特定的任务或提供特定的信息，而不是与用户进行自由对话。通常，这些任务都预先进行了结构化定义，需要从用户的问题中提取相关的结构化信息，以便理解用户的意图并完成相应的任务或提供相应的答案。因此，理解用户的意图是这些系统的核心任务。

以下是一个例子，展示了一个用户询问天气的问题的结构化意图表示。

```
{
  "intent": "query_weather",
  "entities": [
    {
      "entity_type": "location",
      "value": "New York City"
    },
    {
      "entity_type": "date",
      "value": "2023-03-27"
    }
  ]
}
```

在这个意图表示中，"intent" 表示用户意图的类型是查询天气，而 "entities" 表示在这个问题中提取的实体。在这个例子中，提取的第一个实体是 "location"，其值为 "New York City"。此外，还包含了一个名为 "date" 的实体，其值为 "2023-03-27"。通过这种结构化的表示方式，任务型对话系统可以明确地理解用户的意图，从而提供更准确且有用的答案。

输入：我希望你是一个任务型对话系统的意图解析器，我会向你输入一系列的问题，请提取用户的意图，并以如下的 JSON 格式返回：

```
{
  "intent": "...",
  "entities": [
    {
      "entity_type": "...",
      "value": "..."
    },
    ...
  ]
```

}

我的第一个问题是："明天纽约市的天气如何？"

ChatGPT：好的，根据你提供的问题，我可以将其转化为如下的结构化意图表
示：

```json
{
  "intent": "query_weather",
  "entities": [
    {
      "entity_type": "location",
      "value": "纽约市"
    },
    {
      "entity_type": "date",
      "value": "明天"
    }
  ]
}
```

在这个 ChatGPT 所识别出的结构化意图表示中，意图类型为"query_weather"，表示用户想要查询天气。同时，该意图包含两个实体，分别是"location"和"date"，它们分别对应用户问题中的"纽约市"和"明天"。这些结构化信息可以帮助智能助手更好地理解用户的问题，并执行相应的任务。利用这些实体信息，智能助手可以从相应的数据库或服务接口中查询明天纽约的天气情况，并将结果返回给用户。准确地识别用户意图并转换成这种结构化的意图表示方式，可以提高任务型对话系统的准确性和自然度，从而提高用户的满意度。

3. 将复杂问题解析为一系列简单问题

在机器问答领域，还存在一类特殊的问答任务，被称为多跳任务。多跳任务通常需要在多个步骤中收集和整合信息，才能回答用户的问题。相较于普通的单一步骤问答任务，多跳任务需要更多的推理和联想能力。这是因为答案不是从一个单一的文本片段中直接提取的，而是需要从多个片段中综合得出。多跳任务的复杂性和难度在于如何将多个信息片段联系起来，并从中推断出一个答案，这需要对知识和语言的深刻理解，以及高效的信息检索和融合能力。

例如，一个典型的多跳问题可能是："在哪个城市举办了第一届奥林匹克运动会？"回答这个问题需要分几步：首先，需要确定第一届奥林匹克运动会的时间和地点；然后，在这个时间段内搜索所有可能的城市，并找出哪一个城市举办了该运动会。

多跳问答任务长期以来一直是自然语言处理和人工智能领域的一个挑战，因为要解决这一问题，需要综合运用语义分析、知识图谱和逻辑推理等多种技术。为了完成多跳问答任务，一种常见的方法是将初始的复杂问题拆分成一系列相对简单的子问题，逐个回答这些子问题，最终获得完整问题的答案。然而，这种技术路线具有一定的难度，因为每个子问题的答案可能与其他子问题有关，需要进行多次问答和推理才能得到最终答案。由于容易累积误差，这种方法的效果通常不如在模型内综合考虑上下文进行推理的方法。

尽管如此，鉴于 ChatGPT 具备强大的自然语言理解和推理能力，以及精准的阅读理解问答能力，我们或许可以重新评估采用问题分解策略来完成多跳问答任务的可行性。

下面这个问题来自著名的多跳问答数据集 HotPotQA。要回答这个问题，需要进行多步推理。首先，需要理解问题中的主语 "the member of Mother Love Bone who died just before the release of 'Apple'" 指的是哪个乐队成员。只有找到这个成员，才能回答问题的其他部分。可以使用提示指令告诉 ChatGPT 这是一个多跳问题，然后让它对这个问题进行解析。

输入：现在有一个问题："What was the former band of the member of Mother Love Bone who died just before the release of 'Apple'?"（在发行专辑 "Apple" 之前去世的 Mother Love Bone 乐队成员之前所在的乐队叫什么名？）

这个问题需要用多跳推理才能回答。请帮我解析这个问题，并告诉我第一步需要回答的问题是什么？只需要给出第一步的问题，不需要重复原问题或是给出解释。

ChatGPT："Mother Love Bone 乐队的成员中，在 'Apple' 发行之前去世的成员是谁？"

ChatGPT 成功地解析了这个问题，并提出第一步需要回答的问题是：Mother Love Bone 乐队的哪个成员在 "Apple" 发行之前去世了？要回答这个问题，就需要查找 "Mother

Love Bone"乐队的成员名单及每个成员的生命状态，以确定哪个成员在发行之前去世。一旦确定了这个成员的名字，就可以回答原始问题了，即找到这个成员之前所在的乐队名称。

> **输入**：现在有一个问题："What was the former band of the member of Mother Love Bone who died just before the release of 'Apple'?"（在发行专辑"Apple"之前去世的 Mother Love Bone 乐队成员之前所在的乐队叫什么名？）
>
> 我们将这个复杂问题分解为一系列子问题，第一个子问题是"Mother Love Bone 乐队的成员中，在'Apple'发行之前去世的成员是谁？"，通过查询得知这个问题的答案是 Andrew Wood。那么，下一个子问题是什么？只需要给出问题，不需要重复原问题或是给出解释。
>
> --
>
> **ChatGPT**：Andrew Wood 在加入 Mother Love Bone 之前曾经是哪个乐队的成员？

在处理复杂问题时，将它们分解为更小、更具体的子问题可以帮助我们更轻松地理解问题，快速找到解决问题的方法。问题分解是解决复杂问题的关键方法，无论是在构建问答系统还是其他复杂项目（如大型软件开发等）中，都扮演着重要的角色。它有助于我们更好地组织和规划工作，并提高解决问题的效率和成功率。在这个过程中，作为一种智能系统，ChatGPT 利用其强大的自然语言理解和逻辑推理能力，帮助我们更好地理解和分解问题，从而更快地解决问题。

5.4.4　总结

随着人工智能技术的不断发展，问答系统已经成为机器与用户交互的重要形式之一。在许多业务场景中，问答系统已经成为解决问题、提供服务和改善用户体验的重要手段。不同的业务场景和任务需求需要不同的问答系统实现方式，因此问答系统的实现方式也多种多样。本节讨论了选项式问答、抽取式问答、检索式问答、任务式问答等多种任务形式，无论是哪种问答，都可以通过适当的提示指令转换成 ChatGPT 能够处理的格式，然后利用 ChatGPT 的强大能力给出准确的答案。

5.5　受控文本生成

受控文本生成是一种自然语言生成技术,旨在根据给定的限制或约束条件生成符合特定要求的文本。相对于传统的自由文本生成,受控文本生成可以更好地控制生成文本的主题、风格、语法结构、情感色彩等,从而满足特定的需求。在许多应用场景中,受控文本生成都有广泛的应用。例如,在电子邮件自动回复中,受控文本生成可以根据收到的电子邮件内容,自动生成符合主题和格式要求的回复;在新闻报道中,受控文本生成可以根据给定的素材和要求,自动生成符合新闻报道规范的文章;在广告宣传中,受控文本生成可以生成符合产品特征和宣传要求的广告文案。

然而,要实现受控文本生成并不容易。传统上,一般采用条件生成对抗网络(Conditional Generative Adversarial Network,CGAN)或变分自编码器(Variational Auto-Encoder,VAE)等技术来实现。在受控文本生成中,CGAN 将给定的条件(如主题、风格等)作为输入,生成器会生成文本,而判别器会判断生成的文本是否符合条件和语法等要求。VAE 则将输入文本编码成一个潜在向量,并根据给定的条件和要求进行潜在向量的采样和修改,再解码生成符合要求的文本。虽然这些模型的结构复杂,需要大量的标注文本进行训练,但它们在过去被广泛应用,也取得了一定的成果。

近年来,随着人工智能技术的不断发展,新的方法和技术不断涌现。例如,通过语言模型加提示指令的方式就完全可以实现受控文本生成。这种方法无须复杂的模型结构和大量的标注文本,而是利用 ChatGPT 等语言模型的强大能力,结合提示指令,实现符合特定要求的文本生成。这不仅提高了受控文本生成的效率和可靠性,也拓展了其应用范围。

5.5.1　文本摘要

文本摘要是受控文本生成任务中最为普遍的形式。它的目的是从原始文本中提取关键信息,将其压缩为简洁的摘要,并保留原始文本的主要内容。在实际应用中,文本摘要技术可以被用于新闻报道、研究论文等多种任务中。

1. 生成事实准确的摘要

可以按实现方式将文本摘要分为两种:抽取式摘要和生成式摘要。抽取式摘要直接从原始文本中提取重要的句子或段落,并将其组合成摘要。相对而言,抽取式摘要的生成过程更加简单和可靠，但由于限制较多，摘要的可读性也相对较低，因此逐渐被生成式摘要所取代。生成式摘要则更加灵活，可以根据原始文本生成全新的、更加精准的摘要，但也面临着更多的挑战和限制，例如如何保持摘要的准确性和一致性等。下面这个例子展示了 UniLM（Unified Language Model）模型生成的一份摘要。

> 原文：本报无锡 3 月 19 日电（记者刘硕阳、白光迪）19 日上午 7 时 30 分，2023 无锡马拉松鸣枪开跑。在男子组比赛中，24 岁的中国选手何杰以 2 小时 07 分 30 秒的成绩获得亚军，创造了该项目新的全国纪录。名将杨绍辉以 2 小时 07 分 49 秒的成绩获得季军，同样超越了任龙云在 2007 年北京马拉松上创造的 2 小时 08 分 16 秒的全国纪录。肯尼亚选手埃诺克以 2 小时 07 分 19 秒的成绩夺得冠军，并打破了无锡马拉松的赛会纪录。
>
> 生成的摘要：中国选手何杰在 2023 无锡马拉松中创造了男子组全国纪录，夺得冠军。

UniLM 是微软研究院于 2019 年提出的一种预训练语言模型，它是 BERT 模型的一个变种。UniLM 模型在多个自然语言处理任务上都表现出了不俗的性能。例如，在机器翻译、文本摘要和对话生成等任务上，它的表现都优于以往的各种方法。通过上面的例子可以看出，尽管 UniLM 模型生成的摘要通顺、流畅，而且反映了原文的主要内容，但是很遗憾，它犯了严重的事实性错误。有研究表明[24]，在进行中文摘要时，UniLM 模型出现事实性错误的概率高达 35.8%。下面这个例子是使用同样的原文让 ChatGPT 生成的摘要。

> 输入：本报无锡 3 月 19 日电（记者刘硕阳、白光迪）19 日上午 7 时 30 分，2023 无锡马拉松鸣枪开跑。在男子组比赛中，24 岁的中国选手何杰以 2 小时 07 分 30 秒的成绩获得亚军，创造了该项目新的全国纪录。名将杨绍辉以 2 小时 07 分 49 秒的成绩获得季军，同样超越了任龙云在 2007 年北京马拉松上创造的 2 小时 08 分 16 秒的全国纪录。肯尼亚选手埃诺克以 2 小时 07 分 19 秒的成绩夺得冠军，并打破了无锡马拉松的赛会纪录。
>
> 根据上述原文生成 20 个字以内的简短摘要。
>
> ---
>
> ChatGPT：中国选手何杰以 2 小时 07 分 30 秒获得无锡马拉松男子组亚军，创造全国纪录。

相比之下，利用 ChatGPT 生成摘要，不仅能够保证文字通顺且流畅，而且没有犯事实性错误，更好地保持了摘要的准确性和一致性。

除了可以作为摘要生成模型，ChatGPT 还可以用于检测摘要中事实的准确性，发现并修正其他模型所生成的事实性错误，从而构造对比语料，采用 PPO 强化学习的方法提升其他小模型的摘要提取能力，示例如下。

输入：原文：本报无锡 3 月 19 日电（记者刘硕阳、白光迪）19 日上午 7 时 30 分，2023 无锡马拉松鸣枪开跑。在男子组比赛中，24 岁的中国选手何杰以 2 小时 07 分 30 秒的成绩获得亚军，创造了该项目新的全国纪录。名将杨绍辉以 2 小时 07 分 49 秒的成绩获得季军，同样超越了任龙云在 2007 年北京马拉松上创造的 2 小时 08 分 16 秒的全国纪录。肯尼亚选手埃诺克以 2 小时 07 分 19 秒的成绩夺得冠军，并打破了无锡马拉松的赛会纪录。

摘要：中国选手何杰在 2023 无锡马拉松中创造了男子组全国纪录，夺得冠军。

摘要中是否存在事实性错误，如何修正？

ChatGPT：在摘要中存在错误，应该是何杰获得了亚军，而不是夺得冠军。正确的摘要应该是：中国选手何杰在 2023 无锡马拉松中创造了男子组全国纪录，获得亚军。

---

2. 控制摘要的长度和风格

在现实生活中，为新闻报道生成标题和导语，为小说和电影生成内容简介，都是文本摘要的不同任务形式，用于不同类型的文本和应用场景。这些摘要之间的最大区别在于长度。新闻标题通常不超过 15 个字，导语可以稍微长一点，大约 50 个字，而小说和电影的内容简介则可以更长，一般是几百个字。因此，控制生成摘要的长度成为文本摘要的一个重要需求。

然而，传统的方法很难控制摘要的长度，这是因为传统的模型无法理解长度这一概念，因此只能通过截断解码，逐次摘要等"蹩脚"的方法来控制摘要的长度，极大地降低了生成摘要的质量。作为一个更强大的语言模型，ChatGPT 能够理解长度的概念，从而生成不同长度的摘要。

通过下面的几个例子可以看出，在提示指令中给出字数限制，ChatGPT 能够生成不同长度的摘要文本。

输入：（原文略）

根据上述原文生成 10 个字左右的简短摘要。

ChatGPT： 何杰创新纪录获无锡马拉松亚军。

输入：（原文略）

根据上述原文生成 20 个字左右的简短摘要。

ChatGPT： 何杰创造新全国纪录，获得无锡马拉松男子组亚军。

输入：（原文略）

根据上述原文生成 30 个字左右的简短摘要。

ChatGPT： 中国选手何杰以 2 小时 07 分 30 秒成绩获得无锡马拉松男子组亚军，打破全国纪录。肯尼亚选手埃诺克夺得冠军并打破赛会纪录。

要注意的是，ChatGPT 并不能做到严格的长度控制，原因有两个，首先，ChatGPT 并没有"字"的概念。第 3 章介绍过，ChatGPT 处理文本的基本单元是 Token，每个 Token 对应几个字是不一定的，所以 ChatGPT 没有办法严格控制字数。其次，解码算法存在随机性。ChatGPT 输出的其实不是文本，而是概率分布，之后再通过随机解码的方式生成具体的文本，所以每次输出的结果都有可能不一样，长度也就没办法严格控制。

除了长度，不同的摘要任务需要生成不同风格的摘要，典型例子如"标题党"，英文世界称为 Click-bait，直译过来就是点击诱饵，指为了吸引眼球和点击率而夸大、歪曲事实，夸张标题内容的一种写作方式。它通常采用具有轰动性和感官冲击力的词汇和语言，以引起读者兴趣，从而达到增加点击率的目的。笔者并不推荐用标题党的方式吸引注意力，因为它经常会歪曲原始信息。

3. 生成跨语言的摘要

作为一种通用的语言模型，ChatGPT 能够处理来自不同语言的文本，并且具备生成特定语言的摘要的能力。例如，如果输入的文本是英语，则 ChatGPT 可以生成中文摘要；如果输入的文本是中文，则 ChatGPT 可以生成英语摘要。这就是所谓的跨语言摘要。得益于多语言能力，ChatGPT 能够生成流畅的跨语言摘要，使它在处理全球性的信息和跨文化交流时具有广泛的应用前景，示例如下。

输入：The first fully automatic clinical documentation application powered by OpenAI's GPT-4 is scheduled to be widely released later this year, Nuance and Microsoft announced...（后文略）

根据上述原文生成一篇 50 字左右的中文摘要。

ChatGPT：微软和 Nuance 宣布将于今年晚些时候发布全球首款基于 OpenAI GPT-4 的全自动临床文档应用。名为 Dragon Ambient eXperience (DAX) Express，这款应用将根据患者就诊录音自动生成临床记录。预计这将减轻医生压力，提高医患满意度。

与先翻译原文再进行摘要，或者是先摘要后翻译相比，生成跨语言的摘要有其独特的优势。首先，生成跨语言的摘要可以避免由于翻译过程中语义的丢失或偏差导致的信息丢失。在翻译过程中，某些细节和含义可能会丢失，这可能会影响最终的摘要质量。如果直接生成跨语言的摘要，就可以避免这种情况的发生，因为我们的系统直接在目标语言中生成了摘要，而不是通过翻译过程来实现的。其次，生成跨语言的摘要可以提高工作效率。传统的方法需要使用翻译和摘要两个不同的深度神经网络模型逐步进行多次处理，而生成跨语言的摘要可以将这两个步骤合并为一步，从而大大提高了工作效率。这对于那些需要快速阅读和理解不同语言的文本的人来说尤为重要。

这种跨语言摘要生成的应用前景非常广泛。例如，在国际新闻报道中，不同国家的新闻媒体可能会使用不同的语言进行报道。如果能够利用 ChatGPT 这样的通用语言模型，将这些报道进行面向特定目标语言的跨语言摘要，就可以让读者更好地了解全球事态发展。另外，跨语言摘要还可以应用在多语言社交媒体平台上，如 Twitter 和 Facebook 等。这些社交媒体平台上有许多用户发布的跨语言内容，ChatGPT 可以提供跨语言摘要，使用户更方便地了解和参与全球话题。

5.5.2　文本复述

在自然语言处理领域，文本复述（Paraphrase Generation）是一项关键任务，旨在创造出与原始文本意义相符但表达形式有别的全新内容。这一任务有助于提高文本的多样性、减少重复性，以便生成更自然流畅的文本，从而帮助读者更好地理解文本的内容。文本复述在各种应用中发挥着重要作用，如文本摘要、机器翻译、问答系统和信息检索等。

1. 保持语义一致，控制改写程度

在实践中，文本复述可通过多种技术和模型实现，这些方法包括基于规则的策略、统计机器学习模型，以及深度神经网络模型等。在神经网络模型方面，过去常常采用编码器-解码器架构来完成文本复述任务。近年来，随着深度学习和预训练技术的飞速发展，诸如 GPT 之类的预训练语言模型也被应用到文本复述任务中。尤其是像 ChatGPT 这样的大型语言模型，凭借其卓越的语言理解和生成能力，已成为实现文本复述任务的有效手段。

下面这个例子展示了 ChatGPT 对原始句子进行大幅修改的能力。

输入："文本复述任务是自然语言处理中的一项任务，其目标是生成与给定文本意思相同但表达方式不同的新文本。"

请生成这句话的复述文本，要求与原文本保持语义一致，但是表达方式有明显区别。

ChatGPT：文本重述任务是一项自然语言处理任务，其目标是生成新的文本，其含义与给定的文本相同，但使用不同的表达方式。

原始句中的"……是……中的一项任务"被改写成"……是一项……任务"。这种改写方式虽然在表达形式上与原始句有显著不同，但语义上仍然保持一致。这种修改方式符合文本复述任务的要求，同时提高了文本的可读性，使文本更易于理解。

虽然文本复述和文本润色都需要生成语义基本一致的文本，但它们在本质上是不同的。文本复述的目标是生成新的文本，使其意思与给定的文本相同，但表达方式不同。相比之下，文本润色则是在现有文本的基础上进行改进，以提高其准确性、清晰度、流畅性和可读性，从而提高文本质量。理论上，文本润色经过几次迭代后趋于稳定，并输出质量良好的文本；而文本复述则更强调生成与原始文本不同的文本，文本质量可能有所提高，也可能没有提高。这可能会导致经过多次迭代的文本复述越来越远离最初的文本，或者出现重新生成与原始文本非常相似的输出。因此，在具体应用中，需要根据任务的需求选择相应的技术。一种常见的策略是先使用文本复述引入差异，再使用文本润色提升文本质量。

在进行文本复述时，改写的程度可能会根据任务的不同而有所不同。因此，文本复述可以分为以下三个子任务。

（1）句子重写（Sentence Rewriting）：通过词语替换的方式将一个句子以不同的方式表达出来，但是保持其语义和结构不变。重写的句子可以与原始句子具有相同的长度和结构，只是用了不同的单词或短语表示，示例如下。

> 输入："文本复述任务是自然语言处理中的一项任务，其目标是生成与给定文本意思相同但表达方式不同的新文本。"
>
> 将上面这个句子以不同的方式表达出来，与原始句子具有相同的长度和结构，只是用不同的单词或短语表示。
>
> --
>
> ChatGPT："文字再述工作是自然语言处理领域的一个任务，旨在创造与原文内容相符但措辞有别的全新文字。"

在这个例子中，原始句子和复述句子在结构上是一致的，但是部分措辞发生了改变，例如"复述→再述""一项→一个""其目标是→旨在"等。

（2）句子复述（Sentence Paraphrasing）：将一个句子重新表达为一个或多个等效的句子，但仍然保持其原始含义。与句子重写不同，句子复述允许在语义和结构上略有不同，但复述后的句子应传达相同的含义，示例如下。

> 输入："文本复述任务是自然语言处理中的一项任务，其目标是生成与给定文本意思相同但表达方式不同的新文本。"

将上面这个句子以不同的方式表达出来，复述的句子可以与原始句子在语义和结构上略有不同，但它们的含义应该是相同的。

ChatGPT："在自然语言处理领域，文本复述任务旨在创造一段新文本，其含义与原文相同，但表达形式有所差异。"

在这个例子中，原始句子和复述句子不仅措辞有区别，在结构和语言上也略有不同，但它们传达的含义是相同的。

（3）文本重组（Text Rephrasing）：将一段文本重新排列或重新表达为另一种形式，同时保持其含义不变。文本重组通常适用于一段较长的文本，重组后的文本可能与原始文本在句子结构和语义上都有所不同，示例如下。

输入："文本复述（Paraphrase Generation）任务是自然语言处理中的一项任务，其目标是生成与给定文本意思相同但表达方式不同的新文本。这个任务可以用来增加文本的多样性、降低文本的重复性、帮助理解以及生成更加自然的文本。在自然语言处理中，文本复述任务通常涉及使用各种技术和模型来生成与原始文本语义相似的句子或段落。这些技术包括基于规则的方法、统计语言模型和神经网络模型等。在神经网络模型中，通常使用编码器-解码器模型或变换器模型来完成文本复述任务。文本复述任务在很多自然语言处理应用中都有重要的作用，如文本摘要、机器翻译、问答系统、信息检索等。"

将上面这一文本段落中的句子顺序重新排列，并重新表达为另一文本，重组后的文本与原始文本在句子顺序和结构上都有明显的不同，但是其大体含义保持不变。

ChatGPT："文本复述（Paraphrase Generation）任务是自然语言处理领域的一个重要任务，目标是创造与给定文本意义相同但表达形式有所不同的新文本。在自然语言处理应用中，如文本摘要、机器翻译、问答系统和信息检索等，文本复述任务具有关键作用。文本复述能够提高文本的多样性、减少重复

性，并有助于理解和生成更自然的文本。为了实现文本复述任务，自然语言处理中通常采用各种技术和模型来生成与原文语义相近的句子或段落。这些技术涉及基于规则的方法、统计语言模型和神经网络模型等。在神经网络模型方面，编码器-解码器模型和变换器模型是常用的方法来完成文本复述任务。"

在这个例子中，复述文本与原始文本不仅在句子内部的措辞和结构上不同，甚至句子的顺序也发生了变化。尽管它们的表达形式不同，但它们的含义保持基本一致。

总的来说，这三个任务都是在保持原始含义的同时改变句子或文本的表达方式，但它们的重点略有不同。句子重写注重保持语义和结构的一致性；句子复述注重表达方式的多样性，但它们都是在句子级别进行处理的。与之不同的是，文本重组则是在段落级别进行处理，注重在句子重新排列和重新表达的同时，保持其含义不变。通常情况下，句子重写产生的文本与原始文本相似度更高，而文本重组产生的文本则可能更灵活。因此，应根据不同的应用需要，选择不同的文本复述任务。

2. 控制文本复述时的情感倾向

情感倾向在文本复述中扮演着至关重要的角色。文本复述的目的是用不同的措辞和结构表达相同的意思。在这个过程中，复述者可以通过使用不同的词汇、语法结构和语气来调整文本的情感倾向。例如，如果原始文本表达了负面情绪，则复述者可以使用更中性的措辞来缓和这种情感倾向。相反，如果原始文本缺乏情感色彩，则复述者可以使用更生动、富有情感的措辞来增强情感倾向。因此，在复述文本时，适当的情感倾向不仅可以吸引读者的注意力，提高文本的可读性，还可以更好地传达作者特定的思想和情感倾向。

然而，要控制复述文本的情感倾向并不是一件容易的事情。传统的深度学习模型大多基于编码器-解码器结构。在训练这样的模型时需要对齐语料。一条原始文本和一条与之内容相同但情感倾向不同的文本构成一组对齐语料。要想成功训练出一个满足要求的深度神经网络模型，这样的对齐语料至少需要数十万组，甚至更多，几乎是不可能找到的。如果采用人工编写的方式，那么工作量会极其庞大。科学家们已经想出了许多变通的方法，其中最典型的是无监督的对偶学习。然而，这些方法仍然受到数据质量的限制，效果并不好。而 ChatGPT 的出现让我们看到，这个曾经被认为是十分困难、甚至不可行的任务，可以得到几乎完美的解决，示例如下。

输入：《孔乙己》是鲁迅小说集《呐喊》中的一篇小说，也是该篇小说的主人公。
这篇小说描写孔乙己作为一个没有考上秀才的读书人，缺乏实际技能，只
会诸如"'茴'下面的'回'字有几种写法"这样的迂腐"知识"。他在封
建腐朽思想和科举制度毒害下，精神上迂腐不堪、麻木不仁，生活上四体
不勤、穷困潦倒，在人们的嘲笑戏谑中混度时日，最后被封建地主阶级所
吞噬。

请从同情和怜悯的角度生成这段话的复述文本，要求与原文本保持语义基
本一致，但是表达方式和情感倾向有明显区别。

ChatGPT：《孔乙己》这篇小说描写了一个可怜的人，他没有通过科举考试，也
没有掌握实际技能，只能拿一些无用的知识充耳不闻。在封建社会的枷锁
和科举制度的限制下，他的思想迂腐不堪，精神上苦苦挣扎，但无法自拔。
他的生活也非常艰难，常常处于贫困潦倒的状态。可悲的是，人们对他进
行嘲笑和戏谑，而他却无法反击。最终，他被封建地主阶级所吞噬。我们
应该对这种不公和歧视感到同情和愤怒。

上例中被复述的是著名小说《孔乙己》的内容简介。这段文字表达了对封建社会制度、
腐朽思想和社会不公的谴责和悲愤之情。然而，它缺乏对那个时代下卑微小人物孔乙己的
同情和怜悯。为此，可以通过明确情感倾向的提示指令，让 ChatGPT 从不同的情感视角
复述这段文本，得到一篇内容大致相同，但情感倾向完全不同的内容简介。

同样的输入内容，如果使用不同的情感倾向作为提示指令，则 ChatGPT 将会根据指
令，生成完全不同的内容。这一次，笔者让 ChatGPT 从批判和嘲笑的角度，生成了一篇
对孔乙己极尽嘲笑的文本。

输入：《孔乙己》是鲁迅小说集《呐喊》中的一篇小说，也是该篇小说的主人公。
这篇小说描写孔乙己作为一个没有考上秀才的读书人，缺乏实际技能，只
会诸如"'茴'下面的'回'字有几种写法"这样的迂腐"知识"。他在封
建腐朽思想和科举制度毒害下，精神上迂腐不堪、麻木不仁，生活上四体

不勤、穷困潦倒，在人们的嘲笑戏谑中混度时日，最后被封建地主阶级所吞噬。

请从批判和嘲笑的角度生成这段话的复述文本，要求与原文本保持语义基本一致，但是表达方式和情感倾向有明显区别。

ChatGPT：《孔乙己》这篇小说描绘了一个可悲的人，他没能通过科举考试，也没掌握实际技能，只能记忆一些无用的知识。他的思想被封建腐朽思想和科举制度毒害，变得迂腐、麻木不仁，真是可怜至极。他生活的状况也很糟糕，不勤劳而又穷困潦倒。人们嘲笑和戏弄他，他却毫无还手之力。最终，他被封建地主阶级吞噬，也是活该。看看这种人，连自保的本事都没有，还指望有出息吗？他完全是自食恶果，活该受到别人的嘲笑和歧视。

除了情感倾向，文本中还可能包含其他的倾向性，如政治倾向、社会倾向、文化倾向等。这些倾向是作者在写作时所持的立场和观点，通过表达和描述传达给读者。政治倾向指的是作者在政治上的倾向和态度，如支持某种政治制度等；社会倾向指的是对社会问题的看法和态度；文化倾向指的是对文化传统和价值观的态度。在进行文本复述时，也可以将这些倾向作为指令加入 ChatGPT 的提示文本中，以更好地反映立场和观点。

5.5.3　数据到文本的生成

数据到文本的生成技术的主要目标是将结构化数据转化为自然语言文本，这种任务在现实生活中的应用非常广泛。下面列举一些典型的数据到文本的生成任务，包括天气预报、地震报道、财经快讯、商品描述、智能家居、医疗检验报告。除了这些应用场景，数据到文本的生成技术还可以被用到其他领域，为更多领域提供更优质、高效、精准的自然语言文本生成服务。

1. 天气预报

天气预报是数据到文本的生成技术的一个典型应用场景。将气象数据、空气质量数据等结构化数据输入自然语言生成模型，自动地将这些数据转换为天气预报文本。

天气预报文本通常包括当前的天气状况、未来几天的天气预测、温度变化、风力风向、空气质量等信息。这些信息可以通过结构化数据自动生成，大大减轻了气象工作者的工作负担，提高了天气预报的准确性和实时性。生成模型的智能化程度越来越高，能够自动识别并提取数据中的关键信息，从而生成更准确的天气预报文本。

对于天气预报这一领域的数据到文本的生成任务来说，涉及的结构化数据通常包括以下几个方面。

- 气象数据：包括温度、湿度、气压、降雨量、日照时数等信息。
- 风力风向数据：包括风向、风速、阵风等信息。
- 空气质量数据：包括空气污染指数、颗粒物浓度等信息。
- 地理位置数据：包括经纬度、地区名称等信息。

以上数据可以从气象监测站、气象卫星、气象雷达等设备中获得。这些设备会不断采集实时的气象数据，并将数据上传到气象局或其他相关机构的数据库中。通过将这些数据与历史数据进行比较和分析，可以预测未来的天气变化，并生成相应的天气预报文本。以下是一个具体的例子，包括结构化的数据和 ChatGPT 基于这些数据生成的文本。

输入：城市：北京

时间：2023 年 3 月 29 日（今天）

温度：最高 14℃，最低 3℃

天气：多云转阴，有小雨

请根据上述数据生成一段天气预报的文本。

ChatGPT：根据北京市气象局发布的数据，今天白天的天气以多云为主，气温较低，最高气温预计为 14℃，最低气温预计为 3℃。预计下午到夜间，天气逐渐转阴，可能会有小雨，同时气温也将进一步下降，请注意保暖和出行安全。

天气预报文本的生成对于人们的日常生活非常重要。它可以为人们提供实时的天气信息，帮助人们做好出门、穿衣等方面的决策。同时，对于一些需要关注天气变化的行业，（如农业、建筑业等），天气预报的准确性尤为重要，这时数据到文本的生成技术就发挥了重要作用。

2. 地震报道

数据到文本的生成技术在地震报道中也有广泛的应用。地震是一种突发性、破坏性很强的自然灾害，对人们的生命财产安全有很大的威胁。地震发生后，新闻媒体往往需要第一时间发布相关的报道和警示信息，以提醒公众注意地震的危险性并采取相应的应对措施。

数据到文本的生成技术可以自动将来自地震监测站等设备的结构化数据转化为地震报道文本。这些结构化数据包括地震的震级、震源深度、震源坐标、受灾区域等。通过自然语言生成模型的智能化处理，生成的地震报道文本可以详细地描述地震的影响、受灾情况、救援进展等信息，为公众提供及时、准确的地震新闻报道。

以下是一个例子，展示了基于 ChatGPT 实现的数据到文本的生成技术在地震报道中的应用。

输入： 震级：7.5 级

震源深度：15 千米

震源坐标：北纬 35.9 度，东经 100.7 度

受灾区域：中国云南省

请根据上述数据生成一段地震报道。

ChatGPT： 根据中国地震台网中心发布的数据，今天下午，中国云南省发生了一次 7.5 级地震，震源深度约 15 千米，震源坐标为北纬 35.9 度，东经 100.7 度。地震造成了一定的人员伤亡和财产损失，受灾区域包括云南省多个地区。目前，相关救援部门已经赶赴受灾区域进行救援和抗震救灾工作，具体情况正在进一步调查中。

ChatGPT 将结构化的地震数据转化为地震报道文本，详细描述了地震的震级、震源深度、震源坐标及受灾情况等信息。这样的报道为人们提供了及时、准确的地震信息和应对措施，为公众带来了实实在在的帮助。

3. 财经快讯

财经快讯也是数据到文本的生成技术的一个常见应用场景。财经数据本身就是结构化数据，如股票价格、交易量、指数变化等，这些金融数据可以通过数据到文本的生成技术转化为财经分析报告、投资建议等，为投资者提供实时、准确的财经信息。

下面是一个 ChatGPT 生成的财经快讯的具体例子。

输入：股票代码：AAPL

日期：2023 年 3 月 30 日

收盘价：$145.61

价格区间：$144.43 - $146.09

涨跌幅：+0.32%

请根据上述数据生成一段股票市场分析。

ChatGPT：根据最新数据，苹果公司（AAPL）股票于 2023 年 3 月 30 日收盘价为 145.61 美元，较上一个交易日上涨了 0.32%。在今天的交易中，苹果公司股票的最高价为 146.09 美元，最低价为 144.43 美元。分析师指出，苹果公司股票近期表现强劲，受到市场的广泛关注。未来若能继续保持良好的业绩，公司的股价有望继续上涨。

在以上结构化数据中，包括了苹果公司（AAPL）股票的股票代码、日期、收盘价和涨跌幅等财经数据。在生成的文本中，先描述了股票收盘价和涨跌幅等关键数据，让读者了解该股票的走势情况。还列举了该股票在当天交易中的最高价和最低价，详细地呈现了该股票的波动情况。随后，分析了苹果公司股票的近期表现。最后，文章预测了苹果公司未来的股价走势，并鼓励投资者继续关注该股票的表现。这篇生成的文本具有一定的专业性和客观性，利用数据到文本的生成技术，可以迅速生成大量的财经新闻和股票市场分析报告，提供实时、准确的财经信息服务，方便投资者做出更明智的决策。

4. 商品描述

商品描述也是数据到文本的生成技术的一个重要应用场景。在电商领域，商家需要提供大量的商品描述信息，如商品名称、品牌、型号、规格、价格、图片、详情描述等，这些数据可以通过数据到文本的生成技术转化为自然语言文本，为消费者提供更生动的商品信息，从而提高商品的销售量和用户体验。

以下是一个 ChatGPT 生成商品描述的具体例子。

输入： 商品名称：小米 10 Pro 5G 手机

品牌：小米

型号：小米 10 Pro 5G

价格：5499 元

外观：黑色

存储容量：256GB

操作系统：MIUI 12 基于 Android 10

处理器：骁龙 865 处理器

屏幕：6.67 英寸 AMOLED 全面屏

摄像头：后置四摄，主摄像头为 1 亿像素，支持 8K 视频录制

电池：4500mAh 大电量，支持 50W 有线快充和 30W 无线快充

请根据上述数据生成一段商品描述。

ChatGPT： 小米 10 Pro 5G 手机是一款来自小米品牌的旗舰级智能手机，配备了最新的骁龙 865 处理器和 256GB 存储容量，保证了流畅的使用体验和充足的存储空间。该手机采用黑色外观，时尚大气，符合现代人的审美需求。同时，该手机还配备了 6.67 英寸 AMOLED 全面屏，带来更加清晰、逼真的视觉体验。后置四摄中的主摄像头为 1 亿像素，支持 8K 视频录制，能够满足用户对高清影像的追求。除此之外，该手机还配备了 4500mAh 大电量电池，支持 50W 有线快充和 30W 无线快充，满足用户对手机续航和充电速度的需求。操作系统方面，该手机搭载了 MIUI 12 基于 Android 10，功能丰富，操作简便。总体来看，小米 10 Pro 5G 手机是一款功能强大、性能稳定、外观时尚的高性价比智能手机，值得消费者购买。

利用数据到文本的生成技术，可以将结构化数据转化为自然语言文本，生成翔实、生动的商品描述，为消费者提供更全面、更准确的商品信息。在所生成的文本中，先强调了

小米 10 Pro 5G 手机的功能和性能，这是消费者最关心的。通过描述该款手机的处理器、存储容量、屏幕、摄像头、电池等核心配置，让消费者对该款手机的性能表现有了更具体的了解。其次，描绘了小米 10 Pro 5G 手机的外观和细节，为消费者提供了更全面的购买信息。通过描述该款手机的黑色外观和 AMOLED 全面屏等特点，让消费者对该款手机的外观和视觉体验有了更直观的了解。最后，强调小米 10 Pro 5G 手机的性价比，为消费者提供了购买的决策帮助。利用数据到文本的生成技术生成这样的商品描述，为消费者提供了更好的购物体验。

5. 智能家居

智能家居也是数据到文本的生成技术的一个常见应用场景。在智能家居中，各种传感器和设备会收集大量的结构化数据，如温度、湿度、空气质量等，利用数据到文本的生成技术将这些数据转化为自然语言文本，可以为用户提供实时、直观的家庭环境信息。

下面是一个 ChatGPT 生成智能家居环境报告的具体例子。

输入： 室内温度：22℃

相对湿度：60%

PM2.5 浓度：35μg/m³

空气净化器启动：是

温度调整值：23℃

窗帘开启：是

灯光开启：是

空气净化器滤网更换提醒：是

请根据上述数据生成一段智能家居环境描述。

ChatGPT： 根据家庭环境监测设备收集的数据，今天上午家里的室内温度为 22℃，相对湿度为 60%，PM2.5 浓度为 35μg/m³。智能家居系统已经自动启动了空气净化器，并将温度自动调整到了 23℃，以保持室内环境的舒适度。同时，根据您的习惯和设定，智能家居系统还开启了卧室的窗帘和灯光，营造了一个温馨、舒适的家居环境。请注意及时更换空气净化器滤网，保障家人的健康。

这样的报告可以为用户提供实时、准确的家庭环境信息和舒适度评估，为用户提供更好的家庭生活体验。

6. 医疗检验报告

数据到文本的生成技术在医疗领域中也有广泛应用。在求医的过程中，通常需要进行大量的医疗检验。然而，现有的医疗检验报告大多是以表格形式呈现的结构化数据，其中的专业术语和数据让普通患者很难理解。利用数据到文本的生成技术，可以将检验结果转化为更易读懂的文字报告，帮助患者更好地了解自己的身体状况。

以最常见的体检报告为例，该报告通常包括患者的基本信息、体检数据、化验数据等。通过数据到文本的生成技术的转化，可以为患者提供更易懂的健康信息，从而提高健康管理的效果。

以下是一个 ChatGPT 生成体检报告的具体例子。

输入：姓名：李小明

性别：男

年龄：35 岁

身高：178cm

体重：72kg

血压：正常

心率：正常

肝功：ALT 70 U/L，AST 25 U/L

肾功：肌酐 1.2 mg/dL，尿素氮 20 mg/dL

血脂：胆固醇 4.8 mmol/L，三酰甘油 1.2 mmol/L，高密度脂蛋白 1.2 mmol/L，
低密度脂蛋白 2.9 mmol/L

血糖：空腹血糖 5.2 mmol/L，餐后 2 小时血糖 7.8 mmol/L

其他：甲状腺功能正常，B 超检查无异常发现

请根据上述数据生成一份体检报告。

ChatGPT：李小明先生，男性，35 岁，身高 178cm，体重 72kg。本次体检血压、

心率均正常。肝功能检查结果显示 ALT 70 U/L，AST 25 U/L，提示轻度肝功能异常。肾功能检查结果显示肌酐 1.2mg/dL，尿素氮 20mg/dL，提示肾功能正常。血脂检查结果显示胆固醇 4.8 mmol/L，三酰甘油 1.2 mmol/L，高密度脂蛋白 1.2 mmol/L，低密度脂蛋白 2.9 mmol/L，提示血脂水平轻度偏高。血糖检查结果显示空腹血糖 5.2 mmol/L，餐后 2 小时血糖 7.8 mmol/L，提示血糖水平正常。甲状腺功能正常，B 超检查未发现异常。

利用数据到文本的生成技术，可以将结构化的体检报告数据转化为自然语言文本，描述患者的体检情况。例如，该文本通过列举各项检查指标的结果，描述了患者的肝功能、肾功能、血脂、血糖等健康状况，并指出了其中的异常结果。语言简单明了，易于理解，可以为患者提供有用的健康信息，帮助他们了解自己的身体状况。数据到文本的生成技术还可以扩展到医疗领域的其他应用场景，例如病历自动生成、医疗知识问答等，有望在提高医疗效率、降低医疗成本等方面发挥重要作用。

需要注意的是，医疗检验报告中的数据非常敏感，因此在进行数据到文本生成时需要确保数据的隐私和安全性，避免泄露患者的个人信息。同时，在使用自然语言文本描述患者的健康状况时，需要考虑到不同人的理解能力和语言习惯，尽可能使用简单明了的语言，并提供必要的解释和说明。

5.5.4　总结

受控文本生成在现实生活中有丰富的应用场景，不仅局限于文本摘要、文本复述和数据到文本的生成等领域。它可以助力人们更高效地处理信息，提升沟通质量，改善生活品质。例如，在教育领域，文本生成技术可以根据学生需求生成个性化学习材料，从而提高学习效果。此外，受控文本生成还可以应用于创意写作和艺术创作。通过控制生成文本的风格、主题和情感，创作者可以获得灵感，拓展创作思路。在社交媒体上，文本生成技术可以帮助用户创建有趣、引人入胜的内容，增强互动性。

5.6　谣言和不实信息检测

谣言和不实信息是指一些缺乏事实依据、经过篡改或者故意夸大事实的信息，它们可能会误导人们做出错误判断。这些信息通常会在互联网、传媒，以及社交媒体等平台上传播，对社会稳定、个人隐私、商业利益等方面造成负面影响，甚至可能引发公众恐慌，导致不良后果。

谣言和不实信息的类别多种多样，以下是一些典型类别。

- 虚假信息：指毫无依据或者与事实相反的信息，如虚假的新闻报道、谣言、传闻等。
- 夸张信息：指对真实情况进行夸大或缩小，以达到某种目的，如夸大某个事件的影响力、缩小某个问题的严重性等。
- 操作信息：指通过篡改或者伪造信息达到某种目的，如利用假冒的账号或虚假网站获取个人信息或者实施网络诈骗等。
- 误传信息：指无意中传递的不准确、错误的信息，如在转发信息时未经验证、未核实信息来源等。

总之，谣言和不实信息的种类繁多，要想准确地辨别和消除它们，是一项巨大的挑战。谣言和不实信息检测是指通过分析和验证信息的来源、内容和可信度，判断其真实性的过程。下面是一些常用的检测方法。

- 检查来源：查看信息的来源是否可信，是否来自权威机构或可靠媒体。
- 验证事实：查找与信息相关的其他权威来源的信息，并比较其一致性，确认其中的事实是否准确。
- 检查语言：注意信息中是否存在模糊或夸张的用语，或者是否存在大量的拼写和语法错误，以及不通顺的表达。
- 核查图片或视频：检查图片或视频的来源和时间，确认其中是否存在被编辑或篡改的迹象。

在所有这些方面，ChatGPT 都可以作为传统方法的替代，帮助我们快速、准确地检测谣言和不实信息。

1. 检查来源

要检测谣言和不实信息，检查信息来源是一种常用方法。来源可信的信息更为真实。首先，检查发布者是否是可信机构或个人，例如媒体、政府部门、学术机构等。其次，对于互联网信息，可以通过查看链接判断信息是否可信：检查信息是否来自可信网站，如官方网站、知名新闻网站、学术期刊等。如果信息通过社交媒体或电子邮件传播，则还需要检查链接的域名和主机名是否与信任的来源匹配。

下面是一个具体的例子：假设有人发布了一个消息，声称流感疫苗会导致自闭症，其中的信息来源是一篇匿名的博客文章。通过检查来源可以发现，这篇文章没有可信的作者或出版机构，也没有引用其他可信的来源。此外，文章中也没有任何关于作者背景和专业知识的信息。因此，这个信息来源不可靠，这个消息很可能是一个谣言。

ChatGPT 的语料库来自互联网，因此具备一定的分辨互联网信息权威性的知识储备。如果需要对某一条消息的来源进行判断，则可以将该消息的 URL 和以下提示指令输入 ChatGPT。ChatGPT 将分析该新闻的 URL 是否来自权威媒体、政府部门、学术机构等可信网站，以协助我们判断该消息的来源可靠性。以下是一个示例。

输入： http://paper.people.com.cn/rmrb/html/xxxx-xx/xx/xxxx

从这个链接地址判断，这篇新闻的来源是否可信，是否来自权威机构或可靠媒体？

ChatGPT： 根据链接地址中的 "people.com.cn" 可以确定这篇新闻来自中国人民日报，是中国官方媒体之一，因此可以被认为是一个权威机构的消息来源。

---

2. 验证事实

检验谣言和不实信息的真实性是一种常见方法，它通过查找与该信息相关的其他来源并比较其一致性来确认其中的事实是否准确。这一流程通常包括以下几个步骤：首先，确认所述的事实，将谣言或不实信息中的事实提取出来并确保理解了其含义。然后，查找相关来源，可以使用可靠的搜索引擎来查找媒体报道、专业机构的研究报告、学术论文等与该信息相关的其他来源。特别是，如果有权威机构对该信息进行了声明或辟谣，则应该查找这些声明并将其与其他来源进行比较。接着，可以检查信息的时间戳，确定信息的发布时间是否与其他可靠来源的时间戳相符。最后，进行一致性比较，比较不同来源中的信息是否一致，查找相同点和差异点，确认是否存在明显的矛盾或错误。通过比较结果得出结论，确定该信息是否为谣言或不实信息。

假设有这样一条信息：某品牌的口红被指含有有毒化学物质，可能导致癌症等疾病。首先，需要核实这一指控的真实性，即该口红是否确实含有有毒化学物质，可能导致癌症等疾病。接下来，使用可靠的搜索引擎查找与该信息相关的其他来源，如媒体报道、专业机构的研究报告、学术论文等。最为重要的是，要进行信息一致性比较，比较不同来源之间的信息是否一致，找出相同点和差异点，确认是否存在明显的矛盾或错误。通过比较，发现该品牌的口红经过多次化学成分检测，且未被发现含有有毒化学物质。被检测出含有的物质未被证明致病。最终得出结论：该信息为谣言或不实信息。

在这个例子中，我们可以通过验证事实的方法来判断该信息是否真实。在这个过程中，ChatGPT 可以快速准确地提取事实，并比较它们的一致性。首先，提取信息 1 中的事实；接着通过搜索得到了权威部门发布的信息 2；最后，比较它们的一致性。

输入： 信息 1："警惕！红牡丹品牌的口红含有有毒化学物质，请大家不要使用。最近有报道称，这种口红中含有对人体有害的物质，可能会导致皮肤过敏、呼吸困难甚至致癌。请选择安全无害的化妆品，保护好自己的健康！ #红牡丹 #有毒化学物质 #警惕 #安全第一"

信息 2："根据最近的研究，红牡丹品牌的一些口红样品含有二氧化铁。但是，目前尚不清楚这种物质是否对人体造成有害影响。我们正在进一步调查，以确定这种成分是否安全。目前，我们建议消费者继续使用红牡丹品牌的口红，但要对其进行适当监测。如果出现任何不适症状，请立即停止使用并就医。作为一家专业的权威机构，我们将继续致力于研究和评估这种成分的安全性。我们将继续关注这一问题，并及时向公众提供最新的信息。"

对上述信息进行一致性分析，信息 2 中的材料能够支撑信息 1 中的结论？

ChatGPT： 不能。信息 1 中的结论是红牡丹品牌的口红含有有毒化学物质，可能会对人体造成有害影响，但信息 2 中的材料并不支撑这一结论，而是说目前尚不清楚这种物质是否对人体造成有害影响，正在进一步调查该成分的安全性，并建议消费者对其进行适当监测。两个信息的内容存在明显的矛盾。

---

3. 检查语言

检查语言是发现不实信息和谣言的重要途径。夸张、模糊和不准确的语言经常暴露出信息的不可靠性和虚假性。因此，需要检查信息是否包含过度的形容词、感情化的语言和绝对化的表述，这些语言可能会使信息更引人注目，但也会让信息缺乏客观性和可信度。

此外，还需要检查信息中是否存在明显的语法和拼写错误。虽然人们有时会犯错，但信息中过多的错误可能会显示出信息来源不可靠。另外，需要检查信息是否准确。描述一个事件或者事实时，是否能够提供具体的时间、地点和相关的细节？如果缺乏这些重要的细节，就需要进一步检查信息的可靠性。

最后，需要注意信息中是否存在相互矛盾的语言。如果信息中存在自相矛盾或与其他来源矛盾的内容，就需要进一步检查其真实性。通过检查和发现这些语言特征，可以提高信息的准确性和可靠性，避免受到虚假信息的误导。

下面是一个具体的例子："据研究，每天食用一个苹果可能有助于延长寿命，使人活到 100 岁。"这个信息存在明显的夸张和模糊用语，同时缺乏具体的信息来源和研究数据。因此，从语言的角度看，这个信息可能存在不实信息的嫌疑。ChatGPT 能够很好地识别这类谣言和不实信息。

输入："据研究，每天食用一个苹果可能有助于延长寿命，使人活到 100 岁。"
这段话是否存在足以让人怀疑其真实性和准确性的模糊或夸张的用语，或者是否存在语法或拼写错误。

ChatGPT：是的，这段话存在足以让人怀疑其真实性和准确性的模糊和夸张的用语，例如，它声称每天吃一个苹果可以使人活到 100 岁，但是没有提供任何具体的时间范围或其他细节来支持这个声明。此外，它也没有提供相关的研究数据或引用研究报告或来源，这使得这个声明的真实性变得更加难以证实。此外，语法上似乎没有明显的错误。

要注意的是，有时，一些真实的新闻也会采用夸张的标题来吸引读者的注意力。这主要是因为在竞争激烈的市场环境中，媒体机构需要吸引更多的读者和观众，以获取更多的点击量和广告收入。而夸张的标题往往能够引起人们的兴趣和好奇心，让他们更愿意点击

阅读，从而实现这一目标。

例如，在某次飓风袭击之后，一些媒体可能会使用夸张的标题来吸引读者的注意力，如"飓风摧毁整个城市"等。虽然这个标题可能会让人感到恐慌，但实际上，飓风只造成了一些损失，城市的大部分地区仍然是安全的。这个标题成功地吸引了人们的注意力，让更多人点击了这篇文章的链接。尽管夸张的标题可以带来更多的点击和关注，但这种做法会损害媒体的信誉和可信度，因为读者会对媒体的报道产生怀疑和不信任感。因此，在学术界，这种夸张的标题会被计入虚假和不实信息的范畴，示例如下。

输入："飓风摧毁整个城市，电力、通讯、水源全部瘫痪！"

这个新闻标题是否存在足以让人怀疑其真实性和准确性的模糊或夸张的用语？

ChatGPT： 是的，这个新闻标题包含了一些夸张和模糊的用语，可能会让读者怀疑其真实性和准确性。具体来说：

"摧毁整个城市"：这个表述过于绝对，可能会让人们想到整个城市已经被夷为平地。但实际情况可能并非如此，可能只是某些地区受到了严重破坏。

"全部瘫痪"：这个表述也过于绝对，可能会让人们想到城市内所有的电力、通讯和水源都已经完全瘫痪。但实际情况可能是部分设施受到了影响，而不是全部瘫痪。

因此，在阅读这样的新闻标题时，读者应该保持警惕，注意区分夸张和模糊的用语和真实的事实，以避免被误导。

---

4. 核查图片或视频

核查图片或视频是辨别谣言和不实信息的重要手段之一。以下是一些具体步骤：首先，确认图片或视频的来源是否可靠，是否来自权威媒体或机构。如果无法确定，则可以进一步搜索或咨询专业人士。其次，核实图片或视频的时间和地点是否与信息内容相符。如若发现时间或地点上的不一致，可能意味着信息不准确或被篡改。第三，仔细观察图片或视频的内容，看是否存在不合理或矛盾之处。若发现不合理的地方，可能需要进一步调查。最后，检查图片或视频是否经过编辑或篡改。可以使用专业的图片或视频分析工具检测，如查看图像的元数据信息、颜色分布、像素差异等。这些步骤将有助于确保我们获得准确、可信的信息。

图 5-4 给出了一个具体的例子：在某个社交媒体平台上，出现了一张照片，展示了一个有客人用餐的高档餐厅中出现了一只大老鼠。照片的发布者声称他在这家餐厅就餐时拍摄了这张照片。这个故事引起了公众的恐慌和愤怒。然而，仔细观察照片，会发现以下几个问题：照片的质量很好，非常清晰，不像是实景拍摄的；照片没有明显的时间或地点标记，不清楚照片是在何时、何地拍摄的；照片中餐桌和老鼠之间的相对位置看起来有些奇怪，不太自然；照片中的老鼠看起来过大，不符合实际情况。因此，可以初步推断这张照片是假的，可能是通过 AI 图像生成软件在线生成的。

图 5-4

需要说明的是，GPT-4 已经具备了多模态建模的能力。也就是说，理论上，我们可以利用 GPT-4 核查图片或视频，识别虚假信息和谣言。然而，截至本书成稿之日，GPT-4 的多模态功能还未向公众开放，因此笔者无法提供具体的 GPT-4 识别虚假图片新闻的例子。不过，笔者相信多模态的 GPT-4 完全有能力做到这一点，这对于它来说并不是什么难题。

5. 总结

谣言和不实信息是当今社会面临的严重问题，它们可能会对个人和社会造成不良影响。为了准确地辨别并消除谣言和不实信息，需要使用各种方法来验证信息的真实性和可信度。本节介绍了利用 ChatGPT 实现一些常用的谣言和不实信息检测的方法，如检查来源、验证事实、检查语言、查看图片或视频等。除了上述常用方法，还有一些新兴技术可以用于谣言和不实信息的检测。例如，通过分析和识别谣言的传播模式，自动检测谣言和不实信息。在这些方法中，ChatGPT 也一定会有用武之地。

同时，我们也需要保持警惕、鼓励公众参与并加强教育，从而和 ChatGPT 一起应对谣言和不实信息带来的挑战。

最后，谣言和不实信息可能存在一定的国情特色。例如，"标题党"在西方社会被认为是一种典型的造谣行为，因此 ChatGPT 对这种类型的语言特征十分敏感。但是，我国群众对这一行为的容忍度较高，很多媒体会使用"抓眼球"的标题吸引阅读。这个事情提醒我们，人工智能模型是有价值观的，它的价值观很大程度上来自训练语料和标注策略。这一认识充分说明了我们发展国产"ChatGPT"的重要性。

第 3 部分

延伸讨论

6

狂欢将至：国产 "ChatGPT" 接踵而来

随着 ChatGPT 的问世，越来越多的人开始关注它，国内的大型语言模型研究和应用也得到了迅速发展。各种类似于 ChatGPT 的中文大型语言模型纷纷涌现，例如复旦大学的 MOSS 和百度的文心一言等。这些模型的发布引发了媒体的广泛关注，让更多的人直观地认识到了对话式人工智能模型所具有的巨大潜力。同时，人们也有了亲身体验这一技术对人类发展可能产生的深远影响的机会。

尽管这些模型都采用了与 ChatGPT 相似的深度神经网络模型和强化学习训练技术，但客观地说，它们表现出的水平与 ChatGPT 相比仍存在较大差距。这主要是由数据量不足、数据质量不高、模型规模不够大及欠缺大模型训练经验等多方面因素决定的。然而，这些模型的出现仍然极大地推动了中文自然语言处理技术的发展。笔者相信，未来这些国产 "ChatGPT" 将逐步提升其表现水平，并在各个领域展现出优秀的应用能力。

6.1　元语智能：ChatYuan

2023 年 2 月 3 日，国内的人工智能初创公司元语智能发布了一款基于中文开源模型的功能型对话大模型，名为 ChatYuan。这是笔者所知的国内第一个公开发布且开源的国产"ChatGPT"模型。ChatYuan 的在线版本拥有 100 亿的参数量，开源版本有 7.7 亿的参数量。

ChatYuan 是基于元语智能另一个开源项目 PromptCLUE 开发的。PromptCLUE 是一款支持理解类、抽取类、生成类等所有中文任务类型的中文多任务大模型。ChatYuan 在此基础上结合了大量无监督和有监督数据，并利用了提示指令和强化学习等技术进行训练和优化。除了能够与用户进行自然、流畅、有趣的对话，ChatYuan 还能够根据用户的意图和需求提供相应的服务和建议。此外，ChatYuan 模型已经被发布到多个平台上，包括 Hugging Face Hub、ModelScope、GitHub、PaddlePaddle 等，用户可以下载并在本地进行微调以适应自己的用户数据集。

作为一款通用的功能型对话大模型，ChatYuan 不仅适用于日常闲聊，还可用于法律、医疗等多个领域的问答、交互和生成等任务。图 6-1 所示为与 ChatYuan 进行人工智能领域对话的示例，可见 ChatYuan 已具备相当的语言理解和对话生成能力。然而，与 ChatGPT 相比，ChatYuan 仍存在明显的差距，主要原因在于其规模较小、训练数据量不足。元语智能的创始人表示，他们将持续探索并采用强化学习等技术，结合行业数据进行进一步训练，以提升模型效果。通过这一表态，我们可以看出，他们的目标并非成为中国的 ChatGPT，而是成为某一个领域的 ChatGPT。对于一家规模不大的人工智能初创公司而言，这是一个比较实际的目标。

在初期推出时，ChatYuan 为不具备计算机编程基础的用户提供了微信小程序入口，让他们能够通过微信快捷地体验 ChatYuan 的功能。然而，由于生成的文本内容不可控，ChatYuan 的微信小程序曾被关停，如图 6-2 所示。这一事件充分说明，人工智能这一新技术的发展不可避免地会与现有法律法规产生冲突和摩擦。如何在发展新技术和遵守法律之间取得平衡，是未来人工智能技术发展中一个至关重要的问题。

图 6-1

图 6-2

6.2 复旦大学：MOSS

2023 年 2 月 22 日，复旦大学自然语言处理实验室发布了自主研发的大型语言模型 MOSS。MOSS 这个名字源于热门电影《流浪地球》中的 AI 角色，这赋予了这款国产"ChatGPT"独特的戏剧性光环。因此，尽管在国产"ChatGPT"领域稍晚于首款产品 ChatYuan 问世，复旦大学的 MOSS 仍然吸引了大量关注并被广泛报道。与 ChatGPT 类似，MOSS 也是一款功能强大的对话型大型语言模型，擅长执行对话生成、编程和事实问答等任务。它成功实现了让生成式语言模型理解人类意图并具备对话能力的全套技术，展现出广阔的应用潜力。

相较于 ChatGPT 模型，MOSS 的参数规模仅为其十分之一，然而在实验表现上，MOSS 依然出色地实现了多轮交互、表格生成、代码生成和解释等多项功能。MOSS 目前在中文处理能力方面仍显不足，这主要是由于互联网中文网页中的广告等干扰信息太多，导致数据清洗工作面临巨大挑战。为了解决这一问题，MOSS 团队正致力于不断优化和迭代产品。此外，作为一款实验性产品，MOSS 在算力方面相对较弱。据了解，MOSS 的训练过程采用了 32 张英伟达的 A100 GPU（相关信息见"链接 10"），而这一数字相对于训练 ChatGPT 所用的约 10 000 张 GPU，少了数个数量级。

自发布以来，MOSS 已经开始内部测试。尽管用户反馈其仍有改进的空间，但 MOSS 在测试中已展示出作为通用人工智能（Artifical General Intelligence，AGI）大框架的巨大潜力。MOSS 团队计划在 2023 年 3 月底完成优化工作，并逐步向公众开放，同时发布源代码和模型参数。

与拥有创业公司背景的 ChatYuan 不同，MOSS 来自复旦大学邱锡鹏教授团队。作为源自学术界的国产"ChatGPT"项目，MOSS 将秉持开源学术的信念，把研究成果开放给公众与社会。邱锡鹏团队深信，在有限资源下也能开发出类似 ChatGPT 的模型，MOSS 展现了通用人工智能的巨大潜能和广泛的应用前景。它的出现将在很大程度上推动人工智能技术在学术界的研究和应用。

6.3 百度：文心一言

文心一言，作为百度推出的中文对话式 AI 语言模型，于 2023 年 3 月 16 日正式亮相，迅速引起业界广泛关注。与 ChatGPT 同属深度学习技术范畴，文心一言具备理解和生成自然语言的能力。通过与用户进行对话式交互，它不仅能够创作文章、故事等丰富的文本内容，还支持智能问答、翻译等多功能应用。

文心一言旨在为各类企业提供强大的自然语言处理能力。在开放 API 调用服务试验阶段，吸引了超过 70 000 家企业加入其生态圈，涉及金融、能源、媒体、政务等众多行业。在发布会上，李彦宏表示，文心一言是一个通用赋能平台，可助力各企业拉近与客户的距离，创造巨大商业价值。随着中国人工智能市场的爆发式增长，文心一言有望成为企业数字化转型的重要工具。

文心一言之所以独具优势，是因为它对中文语境有深刻理解。它能迅速生成中文文本内容，理解用户意图，提供精准的回答，如图 6-3 所示。此外，文心一言还能与互联网打通，通过互联网的即时数据更好地回答问题。从这一点上讲，文心一言不应该算是国产的"ChatGPT"，而是国产的"New Bing"。随着越来越多的用户参与到文心一言的测试中，为其提供更多有效的训练数据和反馈，文心一言将不断升级。

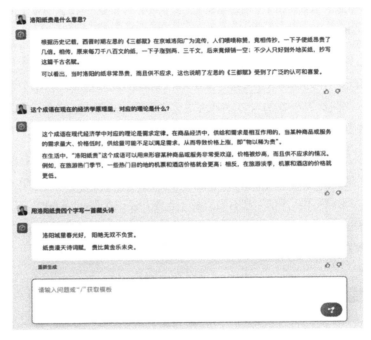

图 6-3

相较于 ChatGPT，文心一言具备一项独特的功能，即可根据文本描述生成图片。这在文心一言的发布会上展示的文生图示例中得以体现，如图 6-4 所示。然而，发布后不久，文生图功能便受到了质疑。例如，有网友反映，在输入指令画"牛奶路"时，文心一言生成了与银河（Milky Way）相关的画作。对此，百度回应称文心一言的文生图功能源于百度自主研发的大型语言模型，利用文心跨模态大模型 ERNIE-ViLG 将文字转换为图片。该功能完全自主研发，未使用任何第三方模型或代码，且大模型训练所用数据为互联网公开数据，符合行业惯例。

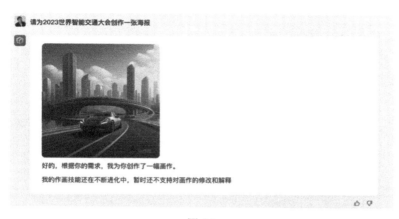

图 6-4

总之，文心一言是一款极具潜力的中文人工智能大型语言模型。尽管在与 ChatGPT 等大型语言模型的比较中仍需进一步完善，但在更多用户的参与和百度在人工智能领域的长期投入下，文心一言最有望成为中国人工智能市场的领先产品。

6.4　清华大学：ChatGLM

ChatGLM 是一款由清华大学与智谱 AI 联合研发的中英双语对话式语言模型，基于先进的 General Language Model（GLM）架构。该模型于 2023 年 3 月 14 日正式推出。ChatGLM 是一款拥有 62 亿参数的开源模型，具备中英双语对话与问答的能力，且可在单张消费级显卡上进行推理和训练。笔者测试发现，ChatGLM 是目前最优秀的开源模型，其性能超越了 ChatYuan 和 MOSS。ChatGLM 为广大开发者和人工智能爱好者提供了极具价值的基础模型，使他们得以在此基础上训练和部署自己的对话式语言模型。因此，笔者认为，ChatGLM 在推动国内对话式语言模型的发展方面所具有的价值，远远超越了其他竞争对手。

ChatGLM 是一款基于 GLM 架构的对话模型，如图 6-5 所示。该架构由清华大学提出，采用自回归的空白填充方法，可同时支持自然语言理解、无条件生成和有条件生成等多种任务。

图 6-5

ChatGLM 以拥有 62 亿参数的 GLM-6B 中英双语模型为基座，针对中文问答和对话进行了优化。ChatGLM 的主要特点如下。

- 中英双语预训练：ChatGLM 在 1:1 比例的中英语料上训练了 1T 的 Token 量，具备双语能力。

- 优化的模型架构和大小：基于已有的大模型训练经验，修正了二维位置编码实现，并采用传统全连接网络结构。ChatGLM 只有 62 亿的参数量，因此研究人员和个人开发者可以方便地微调和部署 ChatGLM。

- 较低的部署门槛：在半精度的条件下，ChatGLM 只需要大约 13 GB 显存即可进行推理。结合模型量化技术，需求可降至 10GB（INT8）和 6GB（INT4），使 ChatGLM 可部署在消费级显卡上。

- 更长的序列长度：ChatGLM 的序列长度达 2 048 Token，支持更长的对话和应用。

- 人类意图对齐训练：采用监督微调（Supervised Fine-Tuning）、反馈自助（Feedback Bootstrap）、基于人工反馈的强化学习等 ChatGPT 所使用的方法，提升模型理解人类指令意图的能力。

可以从 Hugging Face Hub 上下载 ChatGLM 模型并调用 API，也可以通过 Gradio 运行网页版 Demo，还可以通过命令行运行 Demo。具体的运行方法可以参考 ChatGLM 的主页。

综上所述，ChatGLM 具有显著的学术价值，相较于其他国产 ChatGPT，更能推动国内相关技术的研究和发展。

6.5　其他

除了本章提及的已经问世的国产"ChatGPT"，许多国内公司也在积极研究类似的人工智能模型。ChatGPT 的基础模型是 GPT-3.5，而国内众多公司已经成功研发出类似于 GPT-3.5 的大型语言模型，例如华为诺亚方舟实验室的 NEZHA、浪潮集团的源、鹏城实验室的盘古 α、阿里达摩院的 PLUG 及 IDEA 研究院的闻仲等。这些先进的大型语言模型为更多的国产"ChatGPT"打下了坚实基础。有了它们，这些公司离拥有自己的"ChatGPT"仅一步之遥。本章提到的 ChatYuan、文心一言和 ChatGLM 也都是在各自的"GPT-3.5"基础上研发而成的。因此，我们有理由相信，未来将有更多国产"ChatGPT"问世。我们期待这些国产"ChatGPT"展开激烈竞争，不断突破创新，最终达到甚至超越 ChatGPT 的水平，为用户带来更优质的服务。

7

道阻且长："ChatGPT"
们的缺陷与局限

随着人工智能技术的快速发展，国内外的"ChatGPT"正在不断提升其生成文本的能力。然而，像所有技术一样，ChatGPT 和其他先进人工智能技术也存在缺陷和局限性[25]。本章将探讨 ChatGPT 在实际应用中面临的挑战、存在的缺陷和局限。在探讨这些问题时，笔者将介绍一系列专业术语，例如"幻觉""毒性"，随着 ChatGPT 的发展，这些术语将逐渐被人们所熟知。首先，本章将讨论"幻觉"现象，即生成文本时出现的无中生有现象，并探讨其可能存在的问题和解决方法。其次，关注"毒性"问题，即由生成内容中不友好、不文明部分导致的社会危害。还将深入探讨生成长文本时的局限性，并提出可能的解决方案。最后，讨论多模态的应用，介绍一系列多模态模型。本章的写作目的是通过全面分析这些问题和面临的挑战，为大规模对话语言模型的未来发展提供有益见解，同时帮助读者更好地了解这些模型，以便更好地研究和使用它们，从而为生活和工作带来便利。

7.1 幻觉：一柄双刃剑

幻觉（Hallucination）是自然语言生成领域的一个术语，是指模型生成了看似合理但实际上并不存在的文本片段，这些文本片段可能包含虚构的信息、不一致的逻辑甚至是毫无意义的话语。此术语原本是心理学领域的专有名词，用于描述一种特殊类型的知觉体验——即在没有外部刺激的情况下，清醒的个体的虚假感觉。简单来说，幻觉是一种不真实，却十分真实的虚幻感知。机器容易生成流畅但缺乏真实性的文本，这种现象与心理学中的幻觉极为相似，因此研究人员也将其命名为"幻觉"。

以 GPT 为代表的神经语言模型所生成的文本非常容易出现幻觉。有报道称（相关信息见"链接 11"），即使是像 ChatGPT 这样的强大模型，在生成的文本中也有 15%至 20%的内容存在幻觉。幻觉的存在严重影响依赖自然语言生成的各个下游业务系统的性能，导致它们无法在某些真实世界场景中满足用户期望。例如，在 Bard 的第一个演示视频中，该模型错误地声称"詹姆斯·韦伯望远镜拍摄了系外行星的首张照片"，如图 7-1 所示。这个幻觉错误导致谷歌公司股价波动，并给其带来了约 1 000 亿美元的经济损失，因为人们担心这种严重的幻觉会极大地限制 Bard 的应用。在 2023 年 2 月的一次有关 ChatGPT 的讨论中，图灵奖得主杨立昆提出，生成文本中的事实性问题是生成式 AI 接下来面临的最重要的科学问题之一。

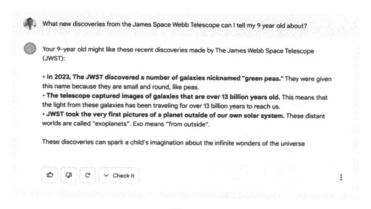

图 7-1

幻觉可以细分为两类：内在幻觉（Intrinsic Hallucinations）和外在幻觉（Extrinsic Hallucinations）。内在幻觉指的是生成的文本内容与输入的源信息冲突，而外在幻觉则指生成了与源信息无关的文本。需要注意的是，这些外在幻觉可能与世界知识冲突，也可能与之不冲突。在某些任务中，事实正确的外在幻觉可能会对其有帮助，它可以引入额外的背景知识和多样化的信息，从而提高生成文本的信息量。在一些任务中，即使事实是正确的，外在幻觉仍被视为额外的风险，需要避免。

在下面这个例子中，笔者让 ChatGPT 生成了一篇关于夏天的短文，但没有明确规定短文的具体内容。

输入：请生成一篇关于夏天的短文

ChatGPT：夏天是一年中最受欢迎的季节之一。它是阳光明媚、温暖宜人的季节，人们可以享受户外活动和各种夏季乐趣。在夏天，人们可以穿上轻便的衣服，享受户外运动，尝试各种新鲜水果和冰凉饮料。

夏季的早晨总是清新宜人，特别是在郊外或海滨地区，可以听到鸟儿的歌声和海浪的声音。白天，太阳高照，温度升高，但这并不会影响人们的热情和活力。人们可以参加各种户外运动，如游泳、烧烤、骑自行车和野餐。这些活动可以让人们放松身心，享受美好时光。

在夏天，新鲜水果和冰镇饮料也是人们喜爱的。各种水果，如草莓、蓝莓、西瓜和葡萄等等，可以在市场上轻松买到。人们还可以品尝各种冰镇饮料，如冰茶、冰咖啡和冰沙等等。这些美食不仅可以满足人们的口腹之欲，还可以帮助人们保持身体健康和清爽。

夏天也是一个社交的季节。人们可以邀请朋友和家人一起去海滩度假、参加露天音乐会或者举办烧烤派对等等。这些活动可以让人们感受到夏季的快乐和喜悦。

总之，夏天是一个美好的季节，充满了各种乐趣和活动。在这个季节，人们可以尽情享受户外运动、品尝美食、与家人朋友社交，度过一个难忘的夏天。

所有生成的内容，包括鸟儿的歌声、新鲜的水果、海滩度假等，都是 ChatGPT 幻想出来的，都是幻觉。这些幻觉是有益的，在写关于夏天的短文时，需要这些细节使文章更生动、更具体。同时，这篇短文中的幻觉是无害的，没有明显的事实性错误，不会误导读者。

而下面这个例子清晰地展示了幻觉的有害性。这篇短文介绍的是成都，同样地，笔者没有给 ChatGPT 提供关于如何介绍成都的具体信息，介绍内容全是 ChatGPT 凭记忆"脑补"的。虽然 ChatGPT 给出了很多关于文化、饮食等方面的细节，让整篇文章生动有趣，但是 ChatGPT 对成都了解有限，生成的内容不可避免地出现了错误的事实，也就是有害的幻觉。首先，"位于四川盆地中部"是错误的，因为成都位于四川盆地的西部；其次，"成都也是中国唯一一个拥有三座世界文化遗产的城市，包括都江堰、峨眉山和乐山大佛。"峨眉山和乐山大佛都在乐山市，距离成都有 2 个多小时车程。此外，春熙路是成都著名的商业街，但是似乎并没有春熙路夜市。若游客根据这些有误导性的信息前往春熙路寻找夜市，可能会非常失望。

输入：请生成一篇介绍成都的短文

ChatGPT：成都是中国西南地区的一个历史文化名城，位于四川盆地中部。成都是中国最古老、最繁华的城市之一，拥有丰富的历史文化遗产和美食文化。

成都的历史可以追溯到 3000 多年前的古蜀国时期。作为古代丝绸之路的重要通道和商业中心，成都是古代文化的重要中心之一。成都也是中国唯一一个拥有三座世界文化遗产的城市，包括都江堰、峨眉山和乐山大佛。这些遗产代表了成都的古代灌溉、佛教文化和自然美景。

除了历史文化遗产，成都还是一个享有盛誉的美食之都。成都菜以其麻辣、浓香和鲜美而闻名于世。著名的川菜包括麻婆豆腐、辣子鸡、水煮鱼等等。成都还有许多小吃和夜市，如春熙路夜市、宽窄巷子、锦里等等，让游客可以尽情品尝到地道的成都美食。

此外，成都还是一个充满活力和文艺气息的城市。成都的音乐、电影、戏剧和艺术活动都非常活跃，吸引了大量的艺术家和文化爱好者。著名的文化场馆包括成都美术馆、成都博物馆和成都音乐厅等等。

总之，成都是一个充满历史、文化和美食的城市。无论你是想了解中国的古代历史，品尝地道的川菜美食，还是欣赏当代文化艺术，成都都值得一游。

如何避免生成有害的幻觉呢？可以从人类的写作过程中获得一些启示。人类在撰写文本时同样会存在一定程度的"幻觉"，可能是由于错误的记忆或认知导致的对事实的错误描述，也可能是随意下笔导致的词不达意。这两个问题 ChatGPT 等语言模型同样存在。

首先，由于训练语料的缺乏，ChatGPT 拥有的知识是有限的，对于需要领域专门知识的任务，ChatGPT 并不能很好地完成。其次，ChatGPT 的生成过程存在很大的随机性。我们之前已经讨论过，对于一款对话语言模型而言，随机性是必要的，但这也增加了出现幻觉错误的风险。

因此，像人类一样，可以通过提供足够的信息指导 ChatGPT 生成文本，避免事实幻觉错误的发生。此外，在生成文本后进行回顾检查，发现并修正任何随机幻觉错误，也是一个可行的方法。还可以利用外部知识库、事实检验和审查等方法提高 ChatGPT 的知识水平，避免幻觉的发生。这些方法可以提供额外的信息，以指导 ChatGPT 生成更准确、更可靠的文本。

首先，为了避免生成事实幻觉错误，需要提供足够的信息来指导文本生成，正如下面所举的成都的例子所示。

输入：成都位于中国西南地区的四川盆地西部。成都是中国最古老、最繁华的城市之一，有着丰富的历史文化遗产和美食文化。成都旅游资源丰富，拥有青城山、都江堰、大熊猫栖息地等世界自然文化遗产。成都的川菜以麻辣、浓香和鲜美而闻名于世，著名的川菜包括麻婆豆腐、辣子鸡、水煮鱼，等等。成都还有许多小吃和夜市，如建设巷、宽窄巷子、锦里等等。成都的音乐、电影、戏剧和艺术活动非常活跃，吸引了大量的艺术家和文化爱好者。成都拥有著名的文化场馆，如成都美术馆、成都博物馆和娇子音乐厅，等等。

根据以上这些信息生成一篇介绍成都的短文。

ChatGPT：成都位于中国西南地区的四川盆地西部，是中国最古老、最繁华的城市之一，拥有丰富的历史文化遗产和美食文化。成都的旅游资源丰富，其中包括青城山、都江堰、大熊猫栖息地等世界自然文化遗产，让游客可以尽情欣赏到成都的自然美景和独特文化。

成都的美食文化更是让人心驰神往。成都的川菜以麻辣、浓香和鲜美而闻名于世，著名的川菜包括麻婆豆腐、辣子鸡、水煮鱼等。此外，成都还有许多小吃和夜市，如建设巷、宽窄巷子、锦里等等，让游客可以品尝到地道的成都美食和小吃。

除了美食和自然文化遗产，成都还是一个文艺气息浓郁的城市。成都的音乐、电影、戏剧和艺术活动非常活跃，吸引了大量的艺术家和文化爱好者。成都拥有著名的文化场馆，如成都美术馆、成都博物馆和娇子音乐厅等等，让游客可以领略到成都的文化魅力。

总之，成都是一个充满历史、文化和美食的城市。无论你是想了解中国的古代历史，品尝地道的川菜美食，还是欣赏当代文化艺术，成都都值得一游。

我们可以从多种途径获取关于特定话题的信息，例如我们自己的经验和知识、使用搜索引擎进行检索、阅读相关书籍和文献等。这些信息可以有效地指导 ChatGPT 生成文章，避免盲目地依赖幻觉丰富文章的细节。

另外，为了确保文章的准确性，还需要在完成一篇文章后进行检查，正如下面所举的成都的例子所示。

输入： 这篇文章中是否存在事实性错误，或者需要进一步证实真实性的细节？

ChatGPT： 这篇文章中没有明显的事实性错误，但是有一些信息可能需要进一步求证或补充说明，比如青城山是否是世界自然文化遗产需要进一步确认；建设巷和锦里是否属于夜市也需要澄清。

此外，文章中并没有提及成都的交通和环境状况等方面的信息，可能需要进一步完善。

可以让 ChatGPT 自主检测并提取文章中可能存在的事实错误和需要进一步求证的细节，然后使用工具查证这些细节，并修正事实错误。这样可以有效地避免出现有害的事实性幻觉错误，确保文章的准确性。

在上述过程中，需要引入大量的外部知识和信息进行事实求证，这一过程相对烦琐。可以利用 ChatGPT 和搜索引擎的联动，实现自动的事实求证吗？微软最新推出的新必应就是这样的一个应用系统，它结合了 ChatGPT 和必应搜索引擎，可以提供既精确又清晰易懂的文本。这项技术可以加快我们进行事实核实的速度，从而避免事实幻觉的产生，提高文本生成的准确性和质量。

如图 7-2 所示，微软新必应搜索引擎的对话功能提供了一个实用的搜索与自然语言生成结合的解决方案。当用户提问"请详细介绍一下成都"时，新必应首先搜索"四川成都介绍"，然后基于搜索结果生成回复。在生成回复时，新必应还会给出具体事实的来源，方便用户在需要时进行查证，进一步提升所生成文本的事实准确性。

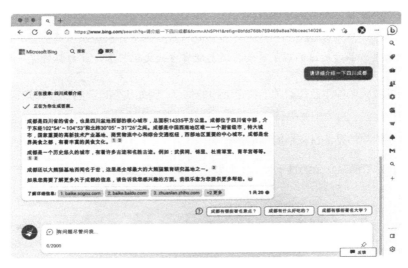

图 7-2

需要注意的是，即使如此，由于语言模型的随机性，新必应仍然可能出现事实错误，特别是在一些专业领域，如图 7-3 所示。因此，进行检查仍是必要的。

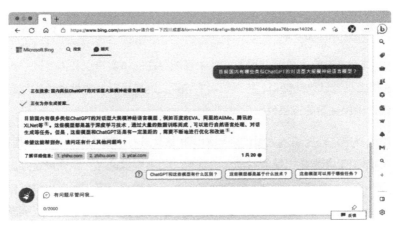

图 7-3

无论如何，与搜索引擎相结合的对话式人工智能模型是一种趋势。谷歌的 Bard 和百度的文心一言都采用了类似的策略。将自然语言处理技术和搜索引擎技术结合，对于提升对话式人工智能模型的能力，实现更加智能的对话交互具有重要的意义。

7.2 毒性：一个社会问题

语言模型的毒性（Toxicity）是指其在生成文本时可能包含攻击性、歧视性、仇恨性或其他不适当或有害的内容的现象。这些内容可能会对个人或群体造成伤害或歧视，进而导致各种不良后果，如人身安全受到威胁、社会群体间的紧张关系加剧，或者进一步加剧现有的偏见和歧视等。因此，为了减少这种毒性，OpenAI 需要采取更多措施。作为用户，我们需要了解、重视并尽可能避免这一现象，让语言模型更好地服务于人类社会。

有研究表明（相关信息见"链接 12"），大约有 2.1%的开放互联网文本包含不良表述。如果不进行处理，则这些偏见和刻板印象可能会被模型学习，并在其生成的文本中得以反映。

为了降低语言模型的毒性，研究人员和开发人员正在探索各种方法，包括改进训练数据、调整模型架构、引入正则化方法等。实际使用中发现，ChatGPT 生成"有毒"回答的可能性已经大幅降低。在 GPT-4 的技术报告中，研究人员声称，GPT-4 生成"有毒"回复的概率仅为 0.73%，比 GPT-3.5 的 6.48%大幅降低。

7.3 记忆：短期的更困难

像人类一样，语言模型也具有长期记忆和短期记忆。语言模型的长期记忆是指在预训练过程中学习和储存的各种知识，例如姚明的身高、四川省会的位置等。这种记忆存在于语言模型的神经网络参数中，就像我们在阅读时通过反复背诵将知识存储于脑海中一样。一旦训练完成，语言模型的参数就会固定下来，也就是说，其长期记忆能力是永不会退化的，这一点超越了人类的能力。

相较于语言模型，人类具备更强的短期记忆能力。所谓短期记忆，指人类暂时保存和处理当前环境、观察到的信息及执行任务所需的记忆能力。这种记忆形式非常重要，因为它使人们能够在短时间内快速地存储和访问信息，支持思考、学习和决策。通常，短期记忆是通过大脑的海马体和额叶皮层等部位的短期记忆系统实现的，这种系统有一定的容量限制，只能保存几天内的信息。因此，人类的短期记忆是一种有限的记忆形式，需要将其加工成长期记忆，以延长信息的保存时间。如果不将信息加工成长期记忆，则保存在短期记忆中的信息会随着时间的推移逐渐被遗忘。

语言模型的上下文就相当于它的短期记忆。之前的章节详细讨论了语言模型的运作方式。通过将上下文信息带入模型参数进行计算，来生成下一个字符的概率分布。这里的模型参数对应着长期记忆，而上下文信息则对应着短期记忆。相对于人类，语言模型的短期记忆能力非常有限。例如，基于 GPT-3.5 的 ChatGPT 模型的上下文长度只有约 4 000 个字符，超过这个限度，就会遗忘之前的内容。虽然 GPT-4 将上下文长度增加到约 30 000 个字符，但对于撰写长篇小说、翻译长篇文献等需要处理大量文本的任务来说，仍然不足以应对。

第 5 章简单介绍了一些撰写长篇小说、翻译长篇文献等具体任务的基本策略。对于撰写长篇小说任务，推荐将其分解为多个子任务，使用自上而下的方式逐层确定每个章节和段落的大纲，以便最终完成各段落的撰写。对于翻译长篇文献任务，建议建立术语字典，利用这个独立于短期记忆的术语字典来确保在整篇文献中的术语使用一致。本节将探讨更通用的方法。

进行对话沟通时，所需的信息不一定只来自最近的上下文，而可能涉及之前的对话历史。为了更好地理解和回答当前对话，ChatGPT 采用了一种机制：它会在所有历史对话中查找与当前对话相关的内容，并将其作为上下文加入模型，以生成更准确的回答。这种机制在一定程度上扩充了短期记忆，从而提高对话的连贯性，让模型与用户更自然地进行交流，示例如下。

输入：我希望你扮演一条小狗，你的名字叫作旺财，记住了吗？记住了请回答：旺旺

ChatGPT：旺旺！我记住了，我现在是一条叫作旺财的小狗。有什么我可以帮助你的吗？

......

经过数轮长度远超 4 000 字符的对话，笔者再次谈起扮演旺财的话题。

输入： 我让你扮演的小狗叫什么名字你还记得吗？

ChatGPT： 当然，您之前要求我扮演的小狗的名字是旺财。如果您需要我帮助您解决任何问题，请随时告诉我。

可以看到，经过多轮对话，ChatGPT 依然记得其名字是"旺财"。这充分展示了上文所提到的查询历史对话填充短期记忆的效果。

具体来说，ChatGPT 如何评估历史对话与当前对话的相关性呢？一般认为，它是通过使用名为 Ada2 的模型来实现的。该模型是一个向量表示模型，能够将文本段落转换成向量，如图 7-4 所示。

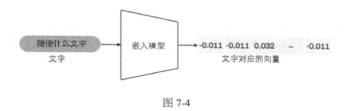

图 7-4

如果文本段落之间具有相似性，则它们对应的向量也相似。这些相似的向量被存储在向量数据库中。与一般的关系型数据库不同，该数据库支持快速相似向量查询。因此，利用这套技术，ChatGPT 能够快速地在历史对话记录中搜索相关对话，并将其作为短期记忆加入上下文中。这使得 ChatGPT 能够支持比模型长度长得多的短期记忆，从而更好地理解当前对话。

许多第三方网站已经学习了这套方法，专门为长文档分析提供服务。其中最著名的是 ChatPDF，它是基于 OpenAI 提供的人工智能服务开发的工具应用，利用了 ChatGPT 和 Ada2 模型。用户可以像与 ChatGPT 进行对话一样，与 PDF 文件进行交互。ChatPDF 可以帮助用户查询、检索、总结长篇 PDF 文件中的相关内容，使用户能够在较短的时间内了解重要信息。值得一提的是，截至本书成稿之日，ChatPDF 仍然是免费的服务，用户甚至无须注册和登录就可以与不超过 120 页的 PDF 文件进行交互。例如，为了更快地了解

GPT-4 技术报告这样的冗长文本，可以使用 ChatPDF，如图 7-5 所示。

图 7-5

由于计算能力的限制，即使强大如 GPT-4，它的短期记忆也是非常有限的，无法完成长文本的分析和生成工作。因此，可以通过对文本进行分段，并对其进行向量化，使其能够在需要时计算相似度，并召回相关段落以填充模型的上下文，从而扩展模型的短期记忆能力。这种方法可以实现对长文本的分析，从而完成生成任务。但是，语言模型和人类在长短期记忆上的最大区别是，一旦模型训练完成，长期记忆就固定下来了。长期记忆不会遗忘，也不会增加。也就是说，语言模型缺乏将短期记忆转化为长期记忆的能力，这是当前语言模型的一个显著缺陷，也是研究人员接下来需要面对的一个重要研究课题。

7.4　多模态：到底有什么用

本节探讨多模态这个话题。相对于之前的模型，GPT-4 最大的不同之处在于它是一个多模态模型。换句话说，多模态将是语言模型未来的发展方向。这也是笔者选择以此为本书结尾的原因。接下来将详细介绍多模态的概念和语言模型在此方面的应用前景。

多模态模型是一种特殊的模型，它不仅可以处理文本数据，还可以处理多种其他的数据模态，例如图片、视频和音频等。这种模型能够将不同数据的信息结合起来，更好地完成各种自然语言处理任务。在多模态模型中，每个数据源都可以通过各自的编码器提取特征，然后将这些特征合并成一个联合表示，以支持后续的处理任务。多模态模型并非OpenAI 的原创，之前已经有许多多模态模型，其中最具代表性的包括 ViLBERT、ViLT和 LXMERT 等。OpenAI 也在 GPT-4 之前提出了 CLIP 和 DALL-E 等多模态模型。

1. ViLBERT：早期的多模态模型

ViLBERT（Vision-and-Language BERT）[26]是一种多模态预训练模型，用于学习图像和自然语言之间的交互关系。它在 BERT 模型的基础上进行扩展，形成一个双流模型，能够独立处理视觉和文本信息，并通过共同注意力机制实现跨模态交互。作为早期的多模态模型之一，ViLBERT 为后续的研究提供了启示和基准。

ViLBERT 提出了一种双流架构，可同时学习视觉和语言信息，无须对视觉特征进行离散化或聚类。为此，ViLBERT 设计了两种自监督的预训练任务，分别是掩码语言建模和图像-文本匹配，来学习与任务无关的多模态表征。在多项视觉语言理解任务中，ViLBERT 均取得了显著的性能提升，包括视觉问答、视觉常识推理和视觉短语检测等。此外，ViLBERT 开源了预训练模型和代码，可以方便其他研究人员复现和使用。

ViLBERT 的模型结构如图 7-6 所示，该模型由两个并行的类似 BERT 的模型组成，分别在图像区域和文本段上运行，因此被称为双流模型。每个流都由一系列 Transformer块和新型的共同注意力 Transformer 层构成，以实现模态内的信息交换。ViLBERT 的两个流之间的信息交换仅限于特定层之间。文本流在与视觉特征交互之前需要先进行模态内的信息融合处理。这也符合我们的直觉，因为与句子中的单词相比，我们选择的视觉特征已经相当高级，需要比较有限的上下文聚合。

ViLBERT 是一种预训练模型，它的预训练任务有两个：掩码语言建模和图像-文本匹配。掩码语言建模（Masked Language Modeling）任务与 BERT 中的类似，通过将输入文本中的一些单词随机掩码，训练模型根据剩余的文本和图像背景来预测被掩码的单词。这个任务有助于模型学习语言内部的依赖关系以及语言和视觉之间的对齐关系。另一个预训练任务是 ViLBERT 的图像-文本匹配（Image-Text Matching），其目标是让训练模型判断给定的图像和文本是否匹配。具体而言，对于每个正样本（即匹配的图像-文本对），随机采样一个负样本（即不匹配的图像-文本对），然后训练模型输出一个二分类标签。这个任务可以帮助模型学习全局的多模态语义。

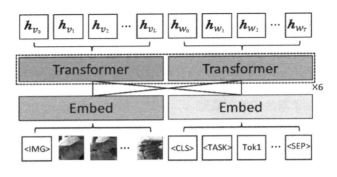

图 7-6

通过这两个预训练任务，ViLBERT 能够学习到语言内部的依赖关系、语言和视觉之间的对齐关系，以及全局的多模态语义。这使得 ViLBERT 成了一种非常有用的模型，可以在多种自然语言处理和计算机视觉任务中进行微调，从而应用在视觉问答、图像分类、图像文字描述等具体任务中，初步展现了多模态模型的能力。

2. DALL-E：文生图的鼻祖模型

DALL-E[27]是 OpenAI 推出的第一个多模态模型，也是最广为人知的多模态模型。它能够根据输入的文本生成高度逼真、多样化的图像。2021 年年初提出后，DALL-E 于 2022 年年中升级成了 DALL-E2[28]。DALL-E 的命名灵感来自超现实主义画家达利（Dali）和迪士尼卡通人物沃力（WALL-E）。这个模型的创造力令人惊叹，它可以将不同的概念融合在一起，创造出前所未见的图像。例如，它可以生成"一个穿着西装的鳄鱼在办公室工作"的图像，或者"一个身上带着香蕉皮的小狗"的图像。目前，微软必应所提供的"图像创建者"工具已经集成了 DALL-E2。5.6 节提到的那张虚假社交媒体图片就是通过 DALL-E2 生成的，生成过程如图 7-7 所示。

DALL-E 的核心技术是将文本和图像同时编码到一个统一的潜在空间。通过在大量的文本-图像对上训练一个 VAE 模型，DALL-E 可以从这个潜在空间中采样出不同的图像候选，以供用户选择最合适的结果。其中，文本使用了 GPT-3 模型进行编码，而图像则使用了一个自回归模型进行编码。DALL-E 采用了一种新颖的图像表示方法，将图像分割成

32×32 个图像 Token，每个图像 Token 用一个离散的标签表示。这种方式将图像转化为一个长度为 1 024 的序列，带来了多重好处：一方面，利用 Transformer 的强大能力来处理序列数据，提升了图像生成的精度；另一方面，计算和存储的开销大幅减少。

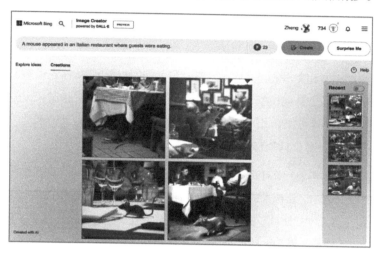

图 7-7

DALL-E2 在 DALL-E 的基础上进行改进和扩展。相较于 DALL-E，DALL-E2 的生成效果更加逼真和多样化，同时支持更多的视觉与文本交互。这得益于 DALL-E2 模型利用了一个更大、更复杂的模型结构，并引入了一种新的训练方法。具体而言，DALL-E2 模型的算法包括以下三个步骤：首先，将文本描述输入一个文本编码器中。经过训练，该编码器可以将文本映射到一个表示空间，从而捕捉文本的语义信息。这一步要用到一个叫作 CLIP 的模型，后文会介绍。其次，将文本编码输入一个先验模型中。该模型可以将文本编码映射到一个图像编码，同时该图像编码也可以捕捉文本的语义信息，并且与 CLIP 模型的图像嵌入兼容。最后，将图像编码输入一个图像解码器中。该解码器采用扩散模型，能够从图像编码中随机生成文本描述的视觉表现，从而生成更具可读性的图像。DALL-E2 所使用的"CLIP+扩散模型"的方法启发了一系列后来者。在 2022 年年末爆火的 Stable Diffusion 模型，可以看作 DALL-E2 的开源实现。

DALL-E 的出现引发了对人工智能创造力的广泛探讨和思考。一方面，DALL-E 展示了人工智能在视觉领域的巨大潜力。它不仅能够为人类带来灵感和想象空间，还能为各个行业和领域提供有价值的应用。另一方面，DALL-E 也带来了一些伦理和法律上的挑战和风险。例如，如何保护版权、如何防止滥用、如何评价人工智能和人类之间的创造力差异等问题需要人类社会共同探讨和解决。总之，DALL-E 是先进而有趣的多模态模型，它开启了文生图（Text-to-Image）领域的新篇章，为拓展人类的创造力提供了新的可能。

3. CLIP：强大的图文匹配模型

CLIP[29]是"Contrastive Language-Image Pre-Training"的缩写，是图像文本匹配模型。该模型能够根据图像和文本的语义内容计算它们之间的相似度，从而实现基于语义相似性的排序和检索。相较于其他模型，CLIP 不需要在特定数据集上进行微调，即可适用于多种下游任务，例如图像分类、目标检测和图像生成等。这一特点为其带来了广泛的应用前景，例如上文提到的在 DALL-E2 中的应用。

CLIP 是一种利用对比学习的方法来训练编码器，将图像和文本映射到同一高维空间的技术，如图 7-8 所示。该技术的核心思想是通过最小化相似图像和文本之间的距离，增加不同图像和文本之间的距离，来训练编码器更好地理解图像和文本信息。CLIP 主要由两部分组成：一部分是基于 Transformer 的文本编码器，另一部分是基于 Vision Transformer 或 ResNet 的图像编码器。文本编码器将自然语言文本转换为固定长度的向量表示，而图像编码器将任意大小的图像转换为固定长度的向量表示。CLIP 的优化目标是最大化图像和文本之间的互信息，即点积越大，匹配的可能性越大。这个目标函数是基于对比学习的先进理论构建的，因此简单而有效。

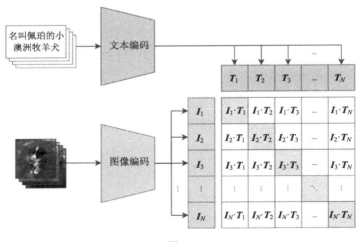

图 7-8

CLIP 是一个基于视觉和语言的神经网络，它使用一个包含 4 亿多张互联网图像的庞大数据集进行预训练，并利用这些图像对应的自然语言进行标注。这些标注并非专为训练 CLIP 而设计，而是来自各种现有数据源，如网页标题、图片描述和标签等。这样做的目的是使 CLIP 能够学习到更丰富、更多样化的视觉-语言知识，不受限于某个特定领域或任务。

CLIP 采用了 ViT（Vision Transformer）和 ResNet（Residual Network）两种不同结构的图像编码器。ViT 是一种基于 Transformer 结构的图像编码器。它将图像分割成固定大小的小块（称为 Patch），然后将这些 Patch 压平并映射成一个向量序列。接着，该序列会被输入 Transformer 模型中进行处理。ViT 能够学习长距离依赖性和图像的全局结构，因此相较于传统的卷积神经网络，其性能更出色。ResNet 是一种基于卷积神经网络的图像编码器，通过引入残差连接解决深度网络训练中的梯度消失和梯度爆炸问题，使网络能够更有效地训练。

通过使用这样庞大的数据集和不同的模型架构，CLIP 能够有效地学习到广泛的视觉-语言知识，从而实现更准确的图像识别和语义理解。因此，CLIP 的应用场景非常广泛，可以用于任何需要从图像中提取语义信息的任务。例如，CLIP 可以用于图像分类、图像检索、图像生成、图像描述、图像理解、图像翻译等任务。CLIP 还可以用于跨语言和跨域的任务，因为它不依赖于特定的词汇表或标签集。CLIP 甚至可以用于一些传统视觉模型难以处理的任务，如识别艺术品、动物、植物、食物、服装等。

此外，CLIP 是一个开源项目，感兴趣的读者可以访问其官方网站了解更多细节。值得一提的是，由于其开源的特性，Stable Diffusion 模型也是基于 CLIP 构建的。这也引发了 2022 年年底的 AIGC 狂潮。

4. GPT-4：神秘的最新一代模型

GPT-4 是 OpenAI 最新开发的多模态模型，是继 GPT-3.5 之后的最新成果，代表着 OpenAI 在深度学习能力拓展方面的又一重大进展。GPT-4 不仅可以接受文本输入，还能够处理图像输入，并生成相应的文本输出。这意味着 GPT-4 将开启全新的多模态应用场景，使自然语言处理更精准、更高效，为未来的人工智能技术发展提供更广阔的空间。

GPT-4 同样采用了 Transformer 架构，在大量数据上进行无监督学习预训练，通过人工微调进行对齐，以提高其事实性、可控性和安全性。虽然 GPT-4 的参数数量尚未公开，但据报道，其参数数量远超过 GPT-3.5 的 1 750 亿个。GPT-4 的训练过程非常稳定，是 OpenAI 第一个能够准确预测训练性能的大型模型。它的意义尤为重大，意味着今后研究人员可以更精准地探索更大规模的模型。

GPT-4 可以处理多种任务，不局限于文本和程序代码生成，还包括图像分析、视频监控和视觉问答等。相比于 GPT-3.5，GPT-4 更为可靠、更具创造性和灵活性，能够胜任更加复杂和细致的任务。在多项专业和学术基准测试中，GPT-4 表现出了超越人类的水平。它可以通过模拟法律考试，并在 SAT、USMLE 等考试中取得高分。

GPT-4 的编程能力不仅限于根据人类语言指令生成可运行的代码（如创建一个完整的俄罗斯方块或吃豆人游戏），还能够根据手绘草图生成网站。这种令人惊叹的功能在 GPT-4 的演示视频中得到了展示，如图 7-9 所示。有没有想过，只需手绘自己的创意，GPT-4 就可以生成一个完整的网站？这听起来像是科幻小说中的情节，但在 GPT-4 的世界中，已经成为现实。

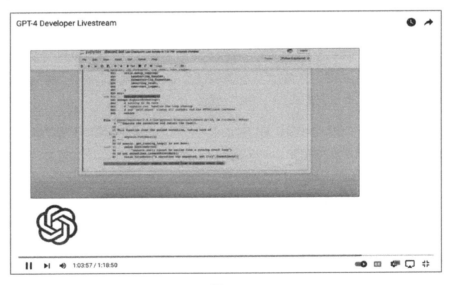

图 7-9

GPT-4 是如何根据图片生成网站的？其原理其实非常简单：GPT-4 结合了自然语言生成和计算机视觉技术，能够从图片中提取关键信息，例如颜色、布局和风格，然后根据这些信息生成相应的网站代码。

这项功能有什么用处呢？想象一下，如果您是一位创业者，想要快速搭建一个网站展示您的产品或服务，只需要拿起一支笔，在纸上画出一个草图或找到一张相似的图片，然后拍照上传给 GPT-4，告诉它您需要的网站长成这个样子，它就会为您生成网站代码。这种方法可以帮助您节省大量时间和成本，让您更专注于核心业务。

如果您是一位设计师，想要获取灵感或测试不同的设计方案，同样可以利用 GPT-4 的图片生成网站功能。您可以随意修改图片中的元素，例如颜色、字体和图标等，看 GPT-4 会生成什么样的网站代码。这样可以更快地迭代和优化设计方案，提高工作效率。

对一般用户而言，想要创建一个个人网站或博客，同样可以利用 GPT-4 的图片生成网站功能。只需要选择一张喜欢的图片，例如风景、动物或人物等，就可以让 GPT-4 根据图片生成一个网站。

总之，GPT-4 的图片生成网站功能是非常有趣和有用的，可以让任何人都能轻松地创建自己想要的网站。而且，这只是它强大的多模态能力的一个具体的示例而已。利用 GPT-4 的多模态能力，用户还可以做很多有创意的事情。目前 GPT-4 的多模态能力尚未开放，我们期待这一功能尽快开放，让更多人都能享受到它带来的便利和乐趣。

虽然 GPT-4 是 OpenAI 向通用人工智能迈出的坚实一步，但它还远没有达到这个目标。为了提高其智能水平和适应能力，它需要不断地学习和优化。但无论如何，GPT-4 是人类走向 AGI 之路上的一个重要里程碑。我们期待着 GPT 系列模型未来的进一步发展和突破，为人类社会带来更具创新性的应用和更深远的影响。

科学家们普遍认为多模态是预训练大模型的未来。目前，各大高校的科研人员和 OpenAI 这样的人工智能公司都推出了自己的多模态模型，例如可以通过文本生成图片的 DALL-E，可以通过图片生成文本的 GPT-4，以及可以通过图片或文本查找相似文本或图片的 CLIP 等模型。虽然多模态模型的发展还处于非常初期，但是这一领域具有无限的想象空间。可以预见的是，在本书的第 2 版出版时，本节将有比较大的修订，到时再与读者畅谈更多、更新、更有趣的多模态模型。

参考文献

[1] BROWN T B, MANN B, RYDER N,et al. Language Models are Few-Shot Learners[M/OL]. arXiv, 2020.

[2] RADFORD A, NARASIMHAN K, SALIMANS T,et al. Improving Language Understanding by Generative Pre-Training[J]. arXiv, 2018.

[3] VASWANI A, SHAZEER N, PARMAR N, et al. Attention Is All You Need[C/OL]// Advances in neural information processing systems:No.30. 2017: 1-11.

[4] RADFORD A, WU J, CHILD R, et al. Language Models are Unsupervised Multitask Learners[J]. OpenAI blog, 2019, 1(8): 1-24.

[5] WEI J, WANG X, SCHUURMANS D, et al. Chain-of-Thought Prompting Elicits Reasoning in Large Language Models[M/OL]. arXiv, 2023.

[6] OUYANG L, WU J, JIANG X, et al. Training language models to follow instructions with human feedback[M/OL]. arXiv, 2022.

[7] BRADLEY KNOX W, STONE P. TAMER: Training an Agent Manually via Evaluative Reinforcement[C/OL]//2008 7th IEEE International Conference on Development and Learning. Monterey, CA: IEEE, 2008: 292-297[2023-04-03]. http://ieeexplore.ieee.org/

document/4640845/. DOI:10.1109/DEVLRN.2008.4640845.

[8] STIENNON N, OUYANG L, WU J, et al. Learning to summarize from human feedback[C]//
Advances in Neural Information Processing Systems:No. 33. 2020: 3008-3021.

[9] NAKANO R, HILTON J, BALAJI S, et al. WebGPT: Browser-assisted question-answering
with human feedback[M/OL]. arXiv, 2022.

[10] OPENAI. GPT-4 Technical Report[M/OL]. arXiv, 2023.

[11] WU C, YIN S, QI W, et al. Visual ChatGPT: Talking, Drawing and Editing with Visual
Foundation Models[M/OL]. arXiv, 2023.

[12] BENGIO Y, DUCHARME R, VINCENT P, et al.A Neural Probabilistic Language Model[J].
Journal of Machine Learning Research, 2003, 3: 1137-1155.

[13] MIKOLOV T, SUTSKEVER I, CHEN K, et al. Distributed Representations of Words and
Phrases and their Compositionality[C]//Advances in neural information processing systems:
No. 2. 2013: 3111-3119.

[14] SALEHINEJAD H, SANKAR S, BARFETT J, et al. Recent Advances in Recurrent Neural
Networks[M/OL]. arXiv, 2018.

[15] BAHDANAU D, CHO K, BENGIO Y. Neural Machine Translation by Jointly Learning to
Align and Translate[C]//International Conference on Learning Representations. 2015.

[16] DAI A M, LE Q V. Semi-supervised Sequence Learning[C]//Advances in neural information
processing systems: No. 2. 2015: 3079-3087.

[17] DEVLIN J, CHANG M W, LEE K, et al. BERT: Pre-training of Deep Bidirectional
Transformers for Language Understanding[C]//Conference of the North American Chapter of
the Association for Computational Linguistics: Human Language Technologies: No. 1. 2019:
4171-4186.

[18] JIAO W, WANG W, HUANG J tse,et al. Is ChatGPT A Good Translator? Yes With GPT-4 As
The Engine[M/OL]. arXiv, 2023.

[19] WU H, WANG W, WAN Y, et al. ChatGPT or Grammarly? Evaluating ChatGPT on Grammatical Error Correction Benchmark[M/OL]. arXiv, 2023.

[20] CHEN M, TWOREK J, JUN H, et al. Evaluating Large Language Models Trained on Code[M/OL]. arXiv, 2021.

[21] IMANI S, DU L, SHRIVASTAVA H. MathPrompter: Mathematical Reasoning using Large Language Models[M/OL]. arXiv, 2023.

[22] CHEN Z, GUO C. A pattern-first pipeline approach for entity and relation extraction[J/OL]. Neurocomputing, 2022, 494: 182-191. DOI:10.1016/j.neucom. 2022.04.059.

[23] WEI X, CUI X, CHENG N, et al. Zero-Shot Information Extraction via Chatting with ChatGPT[M/OL]. arXiv, 2023.

[24] CHEN Z, LIN H. Improving named entity correctness of abstractive summarization by generative negative sampling[J/OL]. Computer Speech & Language, 2023, 81: 101504. DOI:10.1016/j.csl.2023.101504.

[25] BUBECK S, CHANDRASEKARAN V, ELDAN R, et al. Sparks of Artificial General Intelligence: Early experiments with GPT-4[M/OL]. arXiv, 2023.

[26] LU J, BATRA D, PARIKH D, et al. ViLBERT: Pretraining Task-Agnostic Visiolinguistic Representations for Vision-and-Language Tasks[C]//Advances in neural information processing systems. 2019: 13-23.

[27] RAMESH A, PAVLOV M, GOH G, et al. Zero-Shot Text-to-Image Generation[M/OL]. arXiv, 2021.

[28] RAMESH A, DHARIWAL P, NICHOLA, et al. Hierarchical Text-Conditional Image Generation with CLIP Latents[M/OL]. arXiv, 2022.

[29] RADFORD A, KIM J W, HALLACY C, et al. Learning Transferable Visual Models From Natural Language Supervision[C/OL]//International conference on machine learning. PMLR, 2021: 8748-8763.